KB196522

요즘 레시피

요즘 레시피

: 뻔한 식사가 지겨울 때 만나는 특별한 한 끼의 즐거움

초판 발행 2024년 12월 20일

지은이 김다정 / **펴낸이** 김태헌

총괄 임규근 / **팀장** 권형숙 / **책임편집** 박은경 / **교정교열** 하민희 / **디자인** 패러그래프
영업 문윤식, 신희용, 조유미 / **마케팅** 신우섭, 손희정, 박수미, 송수현 / **제작** 박성우, 김정우

펴낸곳 한빛라이프 / **주소** 서울시 서대문구 연희로2길 62
전화 02-336-7129 / **팩스** 02-325-6300
등록 2013년 11월 14일 제25100-2017-000059호
ISBN 979-11-93080-47-4 13590

한빛라이프는 한빛미디어(주)의 실용 브랜드로 우리의 일상을 환히 비추는 책을 펴냅니다.

이 책에 대한 의견이나 오탈자 및 잘못된 내용에 대한 수정 정보는 한빛미디어(주)의 홈페이지나 아래 이메일로 알려주십시오.
파본은 구매처에서 교환하실 수 있습니다. 책값은 뒤표지에 표시되어 있습니다.
한빛미디어 홈페이지 www.hanbit.co.kr / 이메일 ask_life@hanbit.co.kr
네이버 포스트 post.naver.com/hanbitstory / 인스타그램 @hanbit.pub

Published by HANBIT Media, Inc. Printed in Korea
Copyright © 2024 김다정 & HANBIT Media, Inc.
이 책의 저작권은 김다정과 한빛미디어(주)에 있습니다.
저작권법에 의해 보호를 받는 저작물이므로 무단 복제 및 무단 전재를 금합니다.

지금 하지 않으면 할 수 없는 일이 있습니다.
책으로 펴내고 싶은 아이디어나 원고를 메일(writer@hanbit.co.kr)로 보내주세요.
한빛라이프는 여러분의 소중한 경험과 지식을 기다리고 있습니다.

요즘 레시피

김다정 지음

뻔한 식사가 지겨울 때 만나는
특별한 한 끼의 즐거움

한빛라이프

지루한 식탁은 잊어라! 매일 똑같은 식사가 지겨워지기 시작했다면 한 끼 한 끼를 조금 더 특별하게 만들어줄 셀프 대접 요리에 도전해보는 건 어떨까요? 이 책을 만난 여러분은 오늘부터 요리가 더 즐거워지고 식사 시간이 더 기다려질 아주 럭키한 분들이랍니다.

이 책에는 모두가 아는 흔한 요리 대신, 제 상상력과 기발한 아이디어를 꾹꾹 눌러 담은 요리로 가득 채웠습니다. 누군가는 엉뚱하다고도 하지만, 맛을 보면 생각지도 못한 발상의 전환에 감탄하실 거예요.

사실 저는 대단한 요리를 만들어내는 사람도 아니고 요리 대가도 아닙니다. 그렇지만 '왜 이 생각을 못했지?' 하며 무릎을 탁 치는 요리들을 만들어내죠. 낯선 듯 익숙한 요리들이 주는 신선함은 또 다른 즐거움을 줄 거예요. 많은 기교가 담긴 요리보다는 기존의 요리에 아이디어 한 꼬집을 더해, 먹기 전엔 궁금하고 먹고 난 후엔 친숙한 맛에 웃음이 나도록 하는 게 포인트랍니다.

책에서 소개하는 요리에 하나씩 도전하다 보면, 여러분도 충분히 더 재미있고 기발한 레시피를 개발할 수 있을 거예요. 핵심은 조금 다른 각도로 요리를 들여다볼 관찰력과 실패에 대한 두려움을 극복해낼 약간의 도전 정신이랍니다. 처음 만나는 재미난 요리들이 여러분의 또 다른 영감이 되어, 더 다양한 요리를 세상에 선보인다면 이보다 행복한 일은 없을 것입니다.

이제 이 책과 함께 요리 여정을 시작할 준비가 되었나요? 작은 주방이 창의력으로 가득 채워지길 바라며, 맛있어서 행복한 한 끼로 하루하루가 조금 더 특별한 나날이 되길 바랍니다.

2024년 12월
김다정

이보다 다정한 요리책이 있을까요? 책 한 권에 다양한 상황 속 '간단하고 맛있게' 도움을 주고 싶은 작가의 다정함이 느껴집니다. 첫 요리인 '계란국수'는 이번 주말에만 두 번 해 먹었습니다. 책을 따라 차근히 배 불러갈 생각에 벌써 속이 든든합니다. 익숙한 재료들이 작가의 상상력을 한 스푼 만나, 새롭고 근사한 요리가 됩니다. 이 책은 당신이 잊고 있던 '요리하는 재미'를 깨워줄 것입니다.

_ **냠사친** 유튜브 크리에이터

궁금하시다고요~? 진짜 너무 궁금해서 책을 폈고, 맛있게 먹었습니다. 분명 본 것 같은 요리였는데 처음 보는 요리였습니다. '아니, 이게 된다고? 이렇게 쉽다고? 진짜야?' 네, 이 요리책은 해내더라고요! 발상의 전환이 가져다준 식탁의 특별함은 요리의 자신감과 즐거움을 불어넣어주었습니다. 요리가 익숙하지 않으신 분들도 분명 즐겁게 따라 하실 수 있을 거예요. 평범한 요리에 지쳤다면 이 책 한 그릇 추천드립니다.

_ **둥이키친** 유튜브 크리에이터

여태껏 본 적 없는 조합에 놀라움도 잠시, 참을 수 없는 궁금함에 이끌려 레시피를 따라가다 보면 첫입을 먹는 순간 웃음이 새어 나와요. 동시에 떠오르는 한마디, '이게 되네…?' 이 말이 너무나도 잘 어울리는 레시피북! 냉장고에 있을 법한 친근한 재료들을 이용해 유니크하면서도 다채로운 미식의 길로 인도하니 이 레시피북을 추천 안 할 이유가 있을까요?

_ **프롬서희** 유튜브 크리에이터

CONTENTS

PART 01
특별한
식 사

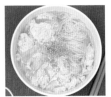

계란국수

비빔제육덮면

물제육덮면

낫토김밥

즉석콩나물밥

고추장함박스테이크

카레수제비

마제수제비

원팬갓김치파스타

고등어파스타

마파두부파스타

시래기된장파스타

청국장크림파스타

누룽지불고기빠네파스타

더위먹지마라마라삼계탕

PART 02

특별한
대접

PART 03

특별한
안 주

✧◇ PART 05

특별한
반찬

PART 06
특별한 간식

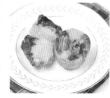

 **이 책의 구성**

❶ 요리명과 요리 설명

요리명과 함께
친절한 요리 설명을 확인할 수 있어요.

❷ 요리 난이도 체크

어떤 요리를 해볼지
요리 난이도를 참고해 고를 수 있어요.

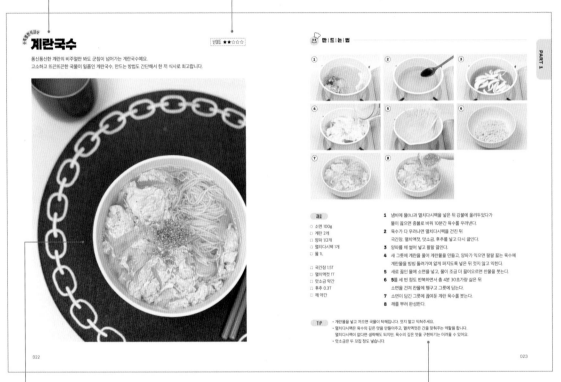

계란국수

난이도 ★★☆☆☆

풍신풍신한 계란의 비주얼만 봐도 군침이 넘어가는 계란국수예요.
고소하고 뜨끈뜨끈한 국물이 일품인 계란국수, 만드는 방법도 간단해서 한 끼 식사로 최고랍니다.

PART 1

만ㅣ드ㅣ는ㅣ법

재료

- 소면 100g
- 계란 2개
- 양파 1/2개
- 멸치다시팩 1개
- 물 1L

- 국간장 1.5T
- 멸치액젓 1T
- 맛소금 약간
- 후추 0.3T
- 깨 약간

1 냄비에 물(1L)과 멸치다시팩을 넣은 뒤 강불에 올려두었다가
  물이 끓으면 중불로 바꿔 10분간 육수를 우려낸다.
2 육수가 다 우러나면 멸치다시팩을 건진 뒤
  국간장, 멸치액젓, 맛소금, 후추를 넣고 다시 끓인다.
3 양파를 채 썰어 넣고 함께 끓인다.
4 새 그릇에 계란을 풀어 계란물을 만들고, 양파가 익으면 팔팔 끓는 육수에
  계란물을 빙빙 돌려가며 얇게 퍼지도록 넣은 뒤 젓지 않고 익힌다.
5 새로 끓인 물에 소면을 넣고, 물이 조금 끓어오르면 찬물을 붓는다.
6 5를 세 번 정도 반복하면서 총 4분 30초가량 삶은 뒤
  소면을 건져 찬물에 헹구고 그릇에 담는다.
7 소면이 담긴 그릇에 끓여둔 계란 육수를 붓는다.
8 깨를 뿌려 완성한다.

TIP
- 계란물을 넣고 저으면 국물이 탁해집니다. 젓지 않고 익혀주세요.
- 멸치다시팩은 육수의 깊은 맛을 만들어주고, 멸치액젓은 간을 맞추는 역할을 합니다.
  멸치다시팩이 없다면 생략해도 되지만, 육수의 깊은 맛을 구현하기는 어려울 수 있어요.
- 맛소금은 두 꼬집 정도 넣습니다.

022   023

❸ 요리 완성 이미지

요리를 시작하기 전에
먹음직스러운 완성 이미지를
확인할 수 있어요.

요리를 시작하기 전에

요리 초보자라면 아래 기초 조리법과 기본 재료 등에 관해 먼저 읽어보고 시작하기를 추천합니다. 특히 불 조절에 관한 내용과 기본 재료에 관한 내용은 꼭 읽어보세요. 물론 지금 다 기억해둘 필요는 없고, 해당 요리를 만들 때 이 페이지로 돌아와 확인하면서 진행하면 됩니다.

◆ 요리가 더욱 쉬워지는 기초 조리법

❶ 불 조절하기

요리를 할 때 가장 기본적이면서도 중요한 스킬은 불 조절입니다. 보통 물이 끓어오르기 전 또는 반이 달궈지기 전까지는 강불을 유지하고, 이후 조리 단계에 따라 불을 조절합니다. 강불, 약불 등의 특별한 지시가 없다면 중불을 기본 정도로 유지하며 조리하는 것을 권장합니다. 특히 강불로 볶을 때 재료가 금방 탈 수 있으니 요리 초보자라면 이 부분을 유의해 조리하세요.

❷ 튀김 조리하기
기름의 온도가 적당한지 확인하려면

❸ 튀기듯 볶기/굽기
조리 방법 중 '볶기/굽기는 소량의

**❹ 계란 흰자,
노른자 분리하기**

❹ 유용한 요리 TIP

재료 및 레시피 등
요리에 도움이 되는
추가 설명을 참고할 수 있어요.

요리를 시작하기 전에

요리 초보자라면 먼저 기초 조리법과
기본 재료에 관한 설명을 확인해보세요.

손쉬운 밥숟가락 계량법

이 책에서는 밥숟가락만으로도 충분히 양념 등을 계량할 수 있습니다. 1T(테이블스푼)은 1큰술이며, 15mL 또는 15g입니다. 단, 결정이 큰 가루(천일염 등)나 고운 가루(밀가루 등)는 조금 더 가볍고, 되직하고 점성이 있는 장류(고추장 등)는 조금 더 무거울 수 있습니다. 또한 밥숟가락을 사용할 때는 1T 기준 수북이 담아야 계량스푼 1T와 동일한 양이므로 주의하여 계량합니다.

손쉬운 밥숟가락/종이컵 계량법
밥숟가락과 종이컵만으로도
손쉽게 계량할 수 있으니 참고해보세요.

◆ 가루와 다진 재료

1T	0.5T	0.3T
밥숟가락이 꽉 차게 수북한 상태로 계량합니다.	밥숟가락의 절반만 담아 계량합니다.	밥숟가락의 1/3만큼만 담아 계량합니다.

❶ 소금, 설탕, 고춧가루, 베이킹소다 등, 다시다, 맛술, 물엿, 식초, 부침가루, 튀김가루, 카레가루, 다진 마늘, 다진 대파 등

TIP · 0.7T은 약 10g으로 1T보다는 조금 작게, 0.5T보다는 조금 크게 담습니다.
· 이 책에서는 주로 파스타면을 삶을 때 쓰는 통에 소금 1T(10g)을 넣습니다.
· '계란'으로 표기된 양념의 경우 한 꼬집 또는 두 꼬집 정도로 계량하거나 기호에 맞게 계량합니다.

---

❺ **준비 재료**

요리에 필요한 재료와 재료의 양을
미리 확인해 준비할 수 있어요.

배추샐러드 난이도 ★☆☆☆☆

힘, 속았지? 언뜻 보면 김치처럼 보이지만, 사실은 아삭하고 매콤한 맛이 일품인 배추샐러드랍니다.
비주얼은 물론 맛도 정말 훌륭해 손님상에서 특히 인기 만점이에요.
색다른 에피타이저가 필요할 때 배추샐러드를 준비해보세요.

만드는법

재료
□ 알배추 1/4개
□ 베이컨 2줄(40g)
□ 블랙 올리브 5개
□ 크랜베리 2T
□ 잣 2T
□ 그라나파다노치즈 약간

□ 마요네즈 4T
□ 불닭소스 2T
□ 연유 2T
□ 레몬즙 3T

1 알배추를 세로로 사 등분 해 준비한다.
2 마요네즈, 불닭소스, 연유, 레몬즙을 섞어 소스를 만든다.
3 썰어둔 배추 사이사이에 만들어둔 소스를 바른다.
4 베이컨을 잘게 썰어 팬에 바싹 익히거나, 에어프라이어에 180도로 10분간 굽는다.
5 바싹 익힌 베이컨, 썰어둔 블랙 올리브, 크랜베리, 잣을 골고루 뿌리고 그라나파다노치즈를 갈아 올려 완성한다.

간단 레시피 ◆ 배추겉절이
알배추 1/4개를 먹기 좋은 크기로 썬다. 볼에 배추를 담고 다진 마늘 0.5T, 매실청 1T, 참치액젓 1T, 고춧가루 1T, 참기름 1T을 넣고 버무려 완성한다.

054   055

PART 2

---

❻ **요리 과정 이미지**

단계별 이미지를 통해
요리 과정을 한눈에 살펴볼 수 있어요.

❼ **요리 과정 설명**

단계별 이미지와 함께
상세한 과정 설명도
확인할 수 있어요.

❽ **간단 레시피**

남는 재료를 활용해 추가로
간단한 요리를 만들 수 있어요.

손쉬운 밥숟가락 계량법

이 책에서는 밥숟가락만으로도 충분히 양념 등을 계량할 수 있습니다. 1T(테이블스푼)은 1큰술이며, 15mL 또는 15g입니다. 단, 결정이 큰 가루(천일염 등)나 고운 가루(밀가루 등)는 조금 더 가볍고, 되직하고 점성이 있는 장류(고추장 등)는 조금 더 무거울 수 있습니다. 또한 밥숟가락을 사용할 때는 1T 기준 수북이 담아야 계량스푼 1T과 동일한 양이므로 주의하여 계량합니다.

✦ 가루와 다진 재료

1T
밥숟가락이 꽉 차게 수북한 상태로 계량합니다.

0.5T
밥숟가락의 절반만 담아 계량합니다.

0.3T
밥숟가락의 1/3만큼만 담아 계량합니다.

예 소금, 설탕, 고춧가루, 베트남고춧가루, 다시다, 후추, 깨, 밀가루, 부침가루, 전분가루, 카레가루, 다진 마늘, 다진 대파 등

TIP
· 0.7T은 약 10g으로 1T보다는 조금 적게, 0.5T보다는 조금 더 담습니다. 이 책에서는 주로 파스타면을 삶을 때 끓는 물에 소금 약 0.7T(10g)을 넣습니다.
· '약간'으로 표기된 양념의 경우 한 꼬집 또는 두 꼬집 정도로 계량하거나 기호에 맞게 계량합니다.

✦ 장류와 되직한 양념

1T
밥숟가락이 꽉 차게 수북한 상태로 계량합니다.

0.5T
밥숟가락의 절반만 담아 계량합니다.

0.3T
밥숟가락의 1/3만큼만 담아 계량합니다.

예 고추장, 된장, 물엿, 올리고당, 두반장, 치킨스톡, 굴소스, 스리라차소스, 불닭소스, 마요네즈, 크림치즈, 사워크림, 꿀, 연유 등

✦ 물과 액체류 양념

1T
밥숟가락이 꽉 차게 한가득 담아 계량합니다.

0.5T
밥숟가락의 가운데 부분부터 높이가 절반만 차게 담아 계량합니다.

0.3T
밥숟가락의 가운데 부분부터 높이가 1/3만큼 차게 담아 계량합니다.

예 물, 우유, 생크림, 간장, 액젓, 참치액, 매실청, 맛술, 식초, 식용유, 올리브오일, 참기름, 들기름, 고추기름, 쯔유, 레몬즙 등

손쉬운 종이컵 계량법

이 책에서 mL 또는 g으로 표기된 식재료와 양념의 양을 가늠할 때는 종이컵을 사용하면 편리합니다. 또한 밥숟가락으로 계량하기에는 다소 많은 양일 경우 1/2컵, 1컵, 2컵 등으로 표기하였으니 참고하여 계량합니다.

✦ 액체류 종이컵 계량법

물, 우유, 생크림, 면수, 파스타용 토마토소스 등을 mL로 표기하였습니다. 종이컵 1컵은 180mL이므로 참고하여 계량합니다. 또한, 올리브오일, 간장 등 다소 많은 양이 필요한 양념의 경우 1/2컵, 1컵과 같이 표기하였는데, 이 표기법에 따라 1/2컵은 90mL, 1컵은 180mL를 나타냅니다.

1컵
(180mL)

종이컵에 가득 담아
계량합니다.

1/2컵
(90mL)

종이컵에 반만 담아
계량합니다.

1/3컵
(60mL)

종이컵에 1/3만 담아
계량합니다.

✦ 기타 종이컵 계량법

g으로 표기된 식재료 중 양을 가늠하기가 다소 어려울 것 같은 재료 또한 종이컵 기준으로 표기하였으며, 정확한 양도 함께 표기해두었습니다. 다만 재료에 따라 종이컵 1컵 기준의 양이 다릅니다. 이를테면 밀가루 1컵은 약 100g이고 소금 1컵은 약 150g 정도입니다. 따라서 아래 내용을 참고하여 계량합니다.

1컵
(약 100g)

종이컵에 가득 담아
계량합니다.

예 밀가루, 부침가루, 전분가루,
빵가루, 슈거파우더 등

1컵
(약 110g)

종이컵에 가득 담아
계량합니다.

예 채 썬 부추, 다진 마늘,
다진 대파 등

1컵
(약 150g)

종이컵에 가득 담아
계량합니다.

예 소금, 설탕, 고춧가루,
찹쌀, 미라소스 등

TIP 위 내용을 참고해 재료의 종류 및 밀도에 따른 양을 가늠합니다.

요리를 시작하기 전에

요리 초보자라면 아래 기초 조리법과 기본 재료 등에 관해 먼저 읽어보고 시작하기를 추천합니다. 특히 불 조절에 관한 내용과 기본 재료에 관한 내용은 꼭 읽어보세요. 물론 지금 다 기억해둘 필요는 없고, 해당 요리를 만들 때 이 페이지로 돌아와 확인하면서 진행하면 됩니다.

✦ 요리가 더욱 쉬워지는 기초 조리법

❶ 불 조절하기

요리를 할 때 가장 기본적이면서도 중요한 스킬은 불 조절입니다. 보통 물이 끓어오르기 전 또는 팬이 달궈지기 전까지는 강불로 유지하고, 이후 조리 단계에 따라 불을 조절합니다. 강불, 약불 등의 특별한 지시가 없다면 중강불 또는 중불 정도로 유지하며 조리하는 것을 권장합니다. 특히 강불로 볶을 때 재료가 금방 탈 수 있으니 요리 초보자라면 이 부분을 유의해 조리하세요.

❷ 튀김 조리하기

기름의 온도가 적당한지 확인하려면 기름에 반죽 약간 또는 빵가루 등을 떨어뜨려봅니다. 반죽이나 빵가루가 1~2초 후에 떠오르면 적당한 온도이고, 떨어뜨리자마자 떠오르면 기름의 온도가 너무 높은 거예요. 기름의 온도가 너무 높으면 안쪽은 익지 않은 채 겉면만 타거나 튀김색이 금방 어두워질 수 있습니다. 반대로 너무 천천히 떠오르면 아직 온도가 낮은 것이니 온도가 더 오를 때까지 기다렸다가 조리하는 것이 좋습니다.

(활용 요리)
라이스페이퍼연어카나페,
명란아보카도튀김, 바나나강정

❸ 튀기듯 볶기/굽기

조리 방법 중 '볶기/굽기'는 소량의 기름을 사용해 재료를 익혀내는 방법입니다. '튀기듯 볶기/굽기'는 '볶기/굽기'보다는 조금 더 많은 양의 기름을 사용하여 흡사 튀기는 것처럼 볶거나 구워내는 방법이며, 완전히 '튀기기'처럼 아주 많은 양의 기름을 사용하지는 않습니다.

(활용 요리)
메추리알소고기볶음, 가래떡추로스

❹ 계란 흰자, 노른자 분리하기

분리할 그릇을 준비한 뒤 계란을 반으로 깨서 한쪽 껍질에 노른자만 담고 나머지 흰자는 그릇으로 걸러내는 방법으로 분리할 수 있습니다. 이 방법이 어렵다면 그릇에 계란을 깨 흰자와 노른자를 모두 담고, 숟가락으로 노른자만 건져내는 방법도 있습니다. 또는 분리하는 도구를 구매해 사용해도 됩니다. 남은 흰자는 흰자계란말이 또는 머랭쿠키 등으로 활용할 수 있습니다.

(활용 요리)
마제수제비, 계란품은아보카도, 가지파스타, 버터명란떡볶이, 식빵누네띠네

❺ 고기 핏물 제거하기

고기의 누린내가 나는 원인은 핏물입니다. 불고기용 소고기와 같이 얇게 썬 고기, 카레용 돼지고기, 찌개용 돼지고기 등은 키친타월을 이용해 눌러서 닦아내는 것만으로도 핏물을 제거할 수 있습니다. 크게 토막 낸 갈비나 찜용 고기 등은 장시간 물에 담그고 크기에 따라 물을 몇 차례 갈아가며 핏물을 제거합니다.

(활용 요리)

카레수제비, 누룽지불고기빠네파스타, 가지갈비, 깍두기찌개

❻ 생닭 손질하기

생닭은 지방이 많은 꽁지 부분과 피가 많이 고여 있는 날개 끝부분을 잘라내고, 불필요한 지방과 내장 찌꺼기 등을 떼며 흐르는 물에 씻어줍니다. 손질 방법이 어렵다면 유튜브나 네이버 등에 영상 자료가 많으니 검색해 참고해보세요.

(활용 요리)

더위먹지마라마라삼계탕, 얼큰백숙

❼ 조개 해감하기

별도의 그릇에 물 1L를 넣고, 소금 1T을 넣어 녹인 뒤 해감이 필요한 조개를 담급니다. 검정 비닐을 씌워 빛을 차단한 뒤 최소 1시간 동안 냉장 보관을 하면 모래와 이물질을 뱉어내 해감이 됩니다. 과정이 다소 번거롭다면 해감 조개 또는 손질된 조갯살을 판매하기도 하니, 상황에 맞게 제품을 선택합니다.

(활용 요리)

해장파스타

✦ 꼭 알아두어야 하는 기본 재료 Q&A

❶ 소금, 맛소금, 천일염은 어떤 차이점이 있나요?

깔끔하고 깨끗한 짠맛을 내는 보통의 소금은 일반적인 요리, 베이킹, 조미료 등 모든 요리에 두루 사용됩니다. 맛소금은 약간의 감칠맛을 더한 소금으로, 계란프라이, 감자튀김, 반찬 등 즉각적인 맛이 필요한 요리에 사용됩니다. 천일염은 입자가 굵고 거친 천연 상태의 소금으로, 발효 음식, 김치 담그기, 생선 절이기 등에 사용됩니다.

❷ 설탕, 물엿, 올리고당은 어떤 차이점이 있나요?

깔끔하고 강한 단맛을 내는 설탕은 일반적인 요리, 디저트, 조미료 등 모든 요리에 두루 사용됩니다. 물엿은 부드러운 단맛을 내고 약간의 점성이 있어 음식에 윤기와 부드러운 질감을 더해주며, 조림 요리 등에 주로 사용됩니다. 올리고당은 설탕보다 덜 달고 감칠맛이 있어 샐러드드레싱, 무침, 소스 등 건강한 단맛과 은은한 감칠맛이 필요한 요리에 사용됩니다.

❸ 진간장과 국간장은 어떤 차이점이 있나요?

감칠맛과 짙고 풍부한 색을 더하는 진간장으로 볶음, 조림, 불고기 등 진한 색과 맛을 내야 하는 요리에 주로 사용됩니다. 맑고 짠맛이 강한 국간장은 국물 요리에 색을 덜 더하면서 감칠맛을 내기에 적합하며 주로 국, 찌개, 나물 무침 등에 사용됩니다. 이 책에서 '간장'으로 표기된 양념은 기본 진간장을 말합니다.

❹ 베트남고춧가루는 고춧가루로 대체해도 되나요?

이 책에서 소개하는 요리에는 제 취향이 한껏 녹아 있다 보니 흔하지 않은 재료 '베트남고춧가루'가 자주 사용됩니다. 저는 보통 베트남고추를 믹서에 대충 갈아 입자가 약간 있는 상태로 보관해놓고 사용하지만, 고운 베트남고춧가루를 따로 판매하니 구매해 사용하면 됩니다. 매운 것을 싫어한다면 생략해도 되고 다진 청양고추나 크러쉬드 레드페퍼, 분쇄 페페론치노 등으로도 대체할 수 있습니다. 단, 고춧가루와는 다소 다른 맛을 내므로 고춧가루로 대체하는 것은 권장하지 않습니다.

✦ 의외로 잘 모르는 재료 ① 파스타면

파스타면은 우리가 흔히 아는 스파게티부터, 납작하고 넓은 페투치네, 두껍고 넓은 파파델리, 펜촉 모양의 짧은 펜네 등 종류가 다양합니다. 파스타면 종류에 따라 삶는 시간이나 조리 방법 등이 다르므로 어울리는 요리 또한 다를 수밖에 없습니다. 이 책에서는 파스타면을 활용한 요리 몇 가지를 소개하는데, 특징과 조리 시 유의할 점 등을 알아두면 요리가 더욱 쉬워질 거예요.

❶ 파스타면의 특징

• **스파게티** : 가장 잘 알려진 파스타면으로, 길고 얇은 원통형 모양입니다. 다양한 소스와 잘 어울려 대중적으로 가장 많이 사용되며, 특히 토마토소스, 미트소스, 오일소스 등과 잘 어울립니다.

• 페투치네
납작하고 넓은 파스타면으로, 넓은 면이 소스를 잘 머금어 크림소스, 로제소스, 라구소스 등과 모두 잘 어울립니다.

• 파파델리
페투치네보다 약간 더 두껍고 넓은 파스타면으로, 꾸덕꾸덕한 소스와 특히 잘 어울립니다. 파파델리는 면이 두꺼우니 제품 포장지에 기재된 시간을 참고해 충분히 삶습니다.

• 펜네
펜촉 모양의 짧은 파스타면으로, 소스가 잘 스며들어 토마토소스, 미트소스, 크림소스 모두 다 잘 어울립니다. 오븐 요리 또는 샐러드에 많이 사용됩니다.

• 기타 : 링귀니, 카펠리니, 푸실리, 리가토니, 파르팔레, 마카로니, 라자냐 등이 있습니다.

(활용 요리)
원팬갓김치파스타, 고등어파스타, 마파두부파스타, 시래기된장파스타, 청국장크림파스타, 누룽지불고기파스타, 가지파스타, 페타치즈파스타, 두부크림파스타, 해장파스타

❷ 조리 시 참고 사항

- 파스타면을 삶을 때는 물 약 1L에 소금 10g 정도를 넣어 간을 맞추면 맛을 한층 더 끌어올릴 수 있습니다.
- 스파게티는 8~10분, 페투치네는 9~12분, 파파델리는 8~12분, 펜네는 9~12분 정도 삶아야 하지만, 소스와 함께 일정 시간 더 조리해야 하는 경우 권장 시간보다 적은 시간 삶아 면이 퍼지지 않게 합니다.
- 삶은 파스타면은 물로 헹구지 않고, 올리브오일을 약간 넣어 면이 서로 달라붙지 않게 합니다.
- 파스타면 삶은 물을 '면수'라고 하며, 요리에 활용할 수 있습니다.

✦ 의외로 잘 모르는 재료 ② 국수면

소면은 흔한 재료이지만 삶는 시간이나 방법을 잘 모르는 사람이 의외로 많습니다. 이 책에서는 소면과 다양한 면을 활용한 요리 몇 가지를 소개하는데, 특징과 조리 시 유의할 점 등을 미리 알아두고 활용해보길 바랍니다.

❶ 국수면의 특징

- **소면** : 일반적으로 모든 국수 요리에 다 잘 어울리는 국수면입니다. 잔치국수, 비빔국수 등 모두 다 잘 어울려요.
- **중면** : 소면보다 두꺼워 잘 퍼지지 않는 것이 특징인 국수면입니다. 기호에 따라 사용합니다.
- **기타** : 기타 : 세면, 당면, 칼국수면, 우동면, 쌀국수면, 중화면 등이 있습니다.

(활용 요리)

계란국수, 비빔제육덮면, 물제육덮면, 원팬잡채, 오이냉국수, 초간단쌀국수, 시래기짬뽕

❷ 조리 시 참고 사항

- 소면을 삶을 때는 바닥에 달라붙거나 서로 달라붙지 않도록 가벼이 저어줍니다.
- 끓는 물에 소면을 넣고, 물이 조금 더 끓어오를 때 찬물을 약간 부어줍니다.
- 찬물 붓기를 세 번 정도 반복하면서 총 4분 30초가량 삶은 뒤 건진 소면을 찬물에 헹궈 전분기를 제거합니다.

PART 01

특별한
식 사

계란국수

 난이도 ★★☆☆☆

풍신풍신한 계란의 비주얼만 봐도 군침이 넘어가는 계란국수예요.
고소하고 뜨끈뜨끈한 국물이 일품인 계란국수, 만드는 방법도 간단해서 한 끼 식사로 최고랍니다.

😊 만 | 드 | 는 | 법

재료

- □ 소면 100g
- □ 계란 2개
- □ 양파 1/2개
- □ 멸치다시팩 1개
- □ 물 1L

- □ 국간장 1.5T
- □ 멸치액젓 1T
- □ 맛소금 약간
- □ 후추 0.3T
- □ 깨 약간

1 냄비에 물(1L)과 멸치다시팩을 넣은 뒤 강불에 올려두었다가
물이 끓으면 중불로 바꿔 10분간 육수를 우려낸다.

2 육수가 다 우러나면 멸치다시팩을 건진 뒤
국간장, 멸치액젓, 맛소금, 후추를 넣고 다시 끓인다.

3 양파를 채 썰어 넣고 팔팔 끓인다.

4 새 그릇에 계란을 풀어 계란물을 만들고, 양파가 익으면 팔팔 끓는 육수에
계란물을 빙빙 돌려가며 얇게 퍼지도록 넣은 뒤 젓지 않고 익힌다.

5 새로 끓인 물에 소면을 넣고, 물이 조금 더 끓어오르면 찬물을 붓는다.

6 **5**를 세 번 정도 반복하면서 총 4분 30초가량 삶은 뒤
소면을 건져 찬물에 헹구고 그릇에 담는다.

7 소면이 담긴 그릇에 끓여둔 계란 육수를 붓는다.

8 깨를 뿌려 완성한다.

TIP
- 계란물을 넣고 저으면 국물이 탁해집니다. 젓지 말고 익혀주세요.
- 멸치다시팩은 육수의 깊은 맛을 만들어주고, 멸치액젓은 간을 맞춰주는 역할을 합니다.
  멸치다시팩이 없다면 생략해도 되지만, 육수의 깊은 맛을 구현하기는 어려울 수 있어요.
- 맛소금은 두 꼬집 정도 넣습니다.

비빔제육덮면

짜장면이 있으면 짜장밥이 있는 법인데, 왜 제육덮밥의 면 버전이 없는지
의문이 들어 만든 비빔제육덮면이에요. 다진 돼지고기가 면에 잘 달라붙어 한입 한입이 정말 맛있답니다.
마제소바처럼 면을 다 먹고 밥을 비벼 먹어도 별미예요.

 만|드|는|법

재료

- ☐ 소면 100g
- ☐ 다진 돼지고기(앞다리살) 150g
- ☐ 김가루 약간
- ☐ 물 200mL

- ☐ 참기름 1T
- ☐ 깨 약간

제육 양념장

- ☐ 양파 1/4개
- ☐ 다진 마늘 0.5T
- ☐ 간장 0.5T
- ☐ 맛술 0.5T
- ☐ 매실청 1T
- ☐ 고추장 1T
- ☐ 고춧가루 1.5T
- ☐ 소고기다시다 0.5T
- ☐ 설탕 1T
- ☐ 후추 0.3T

1   그릇에 양파를 다져 넣고, 다진 마늘, 간장, 맛술, 매실청, 고추장, 고춧가루, 소고기다시다, 설탕, 후추를 넣어 양념장을 만든다.

2   팬에 기름을 두른 뒤 다진 돼지고기와 **1**의 양념장을 넣는다.

3   돼지고기가 익을 때까지 잘 볶는다.

4   물을 넣고 강불에 2분간 더 끓인다.

5   끓는 물에 소면을 넣고, 물이 조금 더 끓어오르면 찬물을 붓는다.

6   **5**를 세 번 정도 반복하면서 총 4분 30초가량 삶은 뒤 소면을 건져 찬물에 헹궈 그릇에 담는다.

7   **4**의 국물이 자작하게 남도록 볶은 돼지고기를 올린다.

8   참기름을 두른 뒤 김가루와 깨를 뿌려 완성한다.

☆특별한식사☆
물제육덮면

난이도 ★★★☆☆

비빔국수가 있으면 잔치국수도 있어야 하는 법, 앞서 소개한 비빔제육덮면에 이어
멸치 육수가 매력적인 물제육덮면이랍니다. 뜨끈한 국물에 든든한 고기까지,
일석이조로 즐길 수 있는 하이브리드 메뉴예요.

만|드|는|법

재료

- ☐ 소면 100g
- ☐ 다진 돼지고기(앞다리살) 150g
- ☐ 멸치다시팩 1개
- ☐ 김가루 약간
- ☐ 물 700mL

- ☐ 멸치액젓 1T
- ☐ 깨 약간

제육 양념장

- ☐ 양파 1/4개
- ☐ 다진 마늘 0.5T
- ☐ 간장 0.5T
- ☐ 맛술 0.5T
- ☐ 매실청 1T
- ☐ 고추장 0.5T
- ☐ 고춧가루 2T
- ☐ 소고기다시다 0.3T
- ☐ 설탕 1T
- ☐ 후추 0.3T

TIP

- 다진 돼지고기와 양념장을 넣고 볶을 때는
  수분이 날아갈 때까지 충분히 볶습니다.

1 냄비에 물과 멸치다시팩을 넣은 뒤 강불에 올려두었다가 물이 끓으면
중불로 바꿔 10분간 육수를 우려낸다.

2 육수가 다 우러나면 멸치다시팩을 건진 뒤 멸치액젓을 넣는다.

3 그릇에 양파를 다져 넣고, 다진 마늘, 간장, 맛술, 매실청, 고추장, 고춧가루,
소고기다시다, 설탕, 후추를 넣어 양념장을 만든다.

4 팬에 기름을 두른 뒤 다진 돼지고기와 **3**의 양념장을 넣고 볶는다.

5 끓는 물에 소면을 넣고, 물이 조금 더 끓어오르면 찬물을 붓는다.

6 세 번 정도 반복하면서 총 4분 30초가량 삶은 뒤
소면을 건져 찬물에 헹궈 그릇에 담는다.

7 **2**의 멸치 육수를 붓고 **4**의 볶은 돼지고기를 올린 뒤 김가루와 깨를 뿌려 완성한다.

낫토김밥

난이도 ★☆☆☆☆

재료도 간단하고 만드는 방법도 간단한 낫토김밥, 특유의 풍미가 매력적인 낫토와
아삭한 오이가 찰떡궁합이에요. 재료를 이것저것 넣어 만든 김밥보다
오히려 더 고급스러운 맛과 비주얼을 선보인답니다.

 만|드|는|법

재료

- □ 현미밥 1공기(210g)
- □ 낫토 1팩(50g)
- □ 오이 1/3개
- □ 김밥김 2장

- □ 참기름 0.5T
- □ 맛소금 약간

TIP

- 현미는 백미보다 식이 섬유, 비타민, 미네랄이 풍부해 소화가 잘되고 혈당 조절에도 도움이 됩니다. 취향에 따라 현미는 백미로 대체해도 됩니다.
- 맛소금은 두 꼬집 정도 넣습니다.

1 현미밥에 참기름, 맛소금을 넣고 섞어 간한다.
2 오이를 채 썰어 준비한다.
3 낫토에 동봉된 간장 양념을 넣고 젓가락으로 잘 섞는다.
4 김밥김에 현미밥을 깔고 채 썬 오이와 낫토를 올린다.
5 모양이 흐트러지지 않게 잡으며 돌돌 말아 완성한다.

즉석콩나물밥

요리 고수의 향기를 풍길 수 있는 초간단 레시피랍니다. 콩나물밥이 참 맛있는데, 짓기는 다소 까다로워요.
콩나물의 수분 때문에 물의 양을 계산하기가 어렵기 때문이죠.
이 레시피대로만 만들어보세요. 너무 쉽지만 요리 고수가 된 기분이 들 거예요.

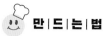 만|드|는|법

재료

- ☐ 즉석밥 1개(210g)
- ☐ 콩나물 100g
- ☐ 물 180mL

콩나물밥 양념장

- ☐ 국간장 1T
- ☐ 들기름 1T
- ☐ 다진 마늘 0.5T
- ☐ 쪽파 0.5T

TIP

- 즉석밥은 데우지 않은 상태로 조리합니다.
- 쪽파는 미리 쫑쫑 썰어 준비해 양념장에 넣은 뒤 조금 남겨두고 마지막에 마저 뿌립니다.

1 팬에 물과 콩나물을 넣은 뒤 뚜껑을 닫고 끓인다.

2 물이 끓으면 데우지 않은 즉석밥을 넣는다.

3 다시 뚜껑을 닫고 2분간 끓인다.

4 국간장, 들기름, 다진 마늘, 쫑쫑 썬 쪽파를 넣고 양념장을 만든다.

5 뚜껑을 열고 만들어둔 양념장을 넣은 뒤 수분을 날리며 볶는다.

6 그릇에 담고 남은 쪽파를 뿌려 완성한다.

 간 단 레시피

◎ 콩나물무침

콩나물 200g을 끓는 물에 1분간 데치고 찬물에 헹군 뒤 물기는 털어준다.
고춧가루 1.5T, 맛소금 0.3T, 참기름 1.5T을 넣고 버무린 뒤 깨를 뿌려 완성한다.

고추장함박스테이크

난이도 ★★★☆☆

소고기고추장볶음에서 영감을 얻은 퓨전 요리, 고추장함박스테이크랍니다.
육즙 가득한 함박스테이크와 매콤한 고추장소스가 잘 어우러져 조화로운 맛을 내지요.
함박스테이크에서 한식의 맛을 느껴보세요.

😊 만|드|는|법

재료

☐ 다진 돼지고기(앞다리살) 200g
☐ 감자전분가루 0.3T
☐ 간장 약간
☐ 소금 약간

고추장소스

☐ 양파 1/4개
☐ 대파 1/5대
☐ 다진 마늘 0.5T
☐ 간장 0.5T
☐ 고추장 3T
☐ 설탕 1T
☐ 물 120mL

1 다진 돼지고기에 감자전분가루, 간장(약간), 소금을 넣고 치댄다.

2 팬에 기름을 두른 뒤 동그란 모양으로 만든 함박스테이크를 넣고 약불에 뒤집어가며 20분간 익힌다.

3 양파와 대파를 잘게 다져 준비한다.

4 팬에 기름을 넉넉히 두르고 다져둔 양파와 대파, 다진 마늘을 넣은 뒤 수분을 날려 기름만 남을 때까지 볶는다.

5 강불에 간장(0.5T)을 넣고 수분을 날려 기름만 남을 때까지 볶는다.

6 강불에 설탕을 넣고 볶다가 약불로 낮춘다.

7 고추장을 넣고 5분간 더 볶는다.

8 물(120mL)을 넣고 한소끔 끓여 고추장소스를 만든 뒤 접시에 익힌 함박스테이크를 담고 고추장소스를 뿌려 완성한다.

TIP
- 함박스테이크에 간장 약간은 0.5T의 절반 정도(약 3mL)이며, 소금은 한 꼬집 정도 넣습니다.
- 고추장소스를 뿌린 뒤 치즈가루나 잣가루를 곁들여 먹어도 맛있습니다.

카레수제비

난이도 ★★★☆☆

카레를 매번 밥에만 비벼 먹는 게 식상하다고 생각해본 적 없나요?
쫀득한 수제비와 카레의 만남, 카레수제비로 즐겁게 한 끼 식사를 해결해보세요.
노란 카레 양념을 머금은 수제비가 또 다른 맛의 즐거움을 선사한답니다.

😊 만|드|는|법

재료

- ☐ 카레용 돼지고기(등심) 100g
- ☐ 감자 1/2개
- ☐ 당근 1/3개
- ☐ 카레가루 4T
- ☐ 물 800mL

- ☐ 맛술 1T
- ☐ 베트남고춧가루 0.3T
- ☐ 소금 약간
- ☐ 후추 약간

수제비 반죽

- ☐ 밀가루 2컵(200g)
- ☐ 물 100mL
- ☐ 맛소금 약간

TIP

- 이 레시피는 약 2인분에
  해당하는 양입니다.
- 수제비를 직접 반죽하는 것이
  번거롭다면 시판 수제비 사리 또는
  만두피로 대체할 수 있습니다.
- 수제비 반죽에는 맛소금을
  두 꼬집 정도 넣습니다.
- 카레용 돼지고기를 볶을 때는
  소금을 한 꼬집 정도 넣습니다.
- 카레용 돼지고기는 핏기가
  없어질 정도로만 볶으면 됩니다.

'고기 핏물 제거하기'
17쪽 참고

1. 밀가루, 물(100mL), 맛소금을 넣고 가루 없이 말랑해질 때까지 반죽한 뒤
   밀봉해 20분 이상 냉장 숙성한다.
2. 감자와 당근은 깍둑썰기를 한다.
3. 냄비에 기름을 두른 뒤 핏물을 제거한 카레용 돼지고기,
   맛술, 소금, 후추를 넣고 볶는다.
4. 썰어둔 감자와 당근을 넣고 볶는다.
5. 물(800mL)과 베트남고춧가루를 넣고 강불에 끓인다.
6. 감자와 당근이 70% 정도 익으면 손에 기름을 바른 뒤
   숙성된 수제비 반죽을 뜯어 넣고 함께 끓인다.
7. 수제비가 익으면 카레가루를 넣고 끓여 완성한다.

마제수제비

난이도 ★★★★☆

마제소바를 좋아하시나요? 면으로 만든 오리지널 마제소바도 맛있지만,
수제비로 만든 마제수제비도 정말 매력적이랍니다. 쫄깃한 수제비를 볶은 소고기와 함께
숟가락으로 한입 가득 떠먹을 수 있어 더 맛있고, 식감도 훌륭하지요.

🍳 만|드|는|법

재료

- □ 다진 소고기(앞다리살) 100g
- □ 계란 1개
- □ 대파 1/3대
- □ 부추 20g
- □ 다진 마늘(고기 볶기) 1T
- □ 다진 마늘(토핑 올리기) 0.5T

- □ 쯔유 1T
- □ 굴소스 0.5T
- □ 고춧가루 1T
- □ 설탕 0.5T
- □ 깨 약간

수제비 반죽

- □ 밀가루 1컵(100g)
- □ 물 60mL
- □ 맛소금 약간

마제수제비 양념장

- □ 고추기름 2T
- □ 3배 식초 1T
- □ 쯔유 0.5T

TIP

- 수제비를 직접 반죽하는 것이 번거롭다면 시판 수제비 사리 또는 만두피로 대체할 수 있습니다.
- 수제비 반죽에는 맛소금을 두 꼬집 정도 넣습니다.
- 3배 식초 1T 대신 일반 식초 3T을 넣어 만들 수는 있지만, 수분이 다소 많아질 수 있으니 가급적 3배 식초를 사용하길 권장합니다.

'흰자, 노른자 분리하기' 16쪽 참고

1 밀가루, 물(60mL), 맛소금을 넣고 가루 없이 말랑해질 때까지 반죽한 뒤 밀봉해 20분 이상 냉장 숙성한다.

2 대파와 부추를 잘게 다져 준비한다.

3 팬에 기름을 두른 뒤 다진 소고기, 다진 대파, 다진 마늘(1T), 쯔유(1T), 굴소스, 고춧가루, 설탕을 넣고 볶는다.

4 손에 기름을 바른 뒤 숙성된 수제비 반죽을 끓는 물에 뜯어 넣고, 반죽이 모두 떠오를 때까지 익혀 찬물에 살짝만 헹군다.

5 접시에 고추기름, 3배 식초, 쯔유(0.5T)를 넣고 섞는다.

6 수제비를 넣고 3의 볶은 소고기, 다진 부추, 다진 마늘(0.5T), 깨, 계란 노른자를 올려 완성한다.

원팬갓김치파스타

귀찮은 건 딱 질색이라면 팬 하나로만 만드는 원팬갓김치파스타를 추천합니다.
감칠맛 살리는 갓김치에 약간의 매콤함이 더해진 오일파스타, 꼭 먹어보고 싶지 않나요?
만들기 간편한 데다 맛도 으뜸인 원팬갓김치파스타, 진짜 요물이랍니다.

 **만|드|는|법**

재료

□ 파스타면 80g
□ 갓김치 80g
□ 마늘 10톨
□ 물 350mL

□ 올리브오일(재료 볶기) 5T
□ 올리브오일(풍미 더하기) 약간
□ 치킨스톡 0.3T
□ 베트남고춧가루 약간
□ 후추 약간

TIP

• 좀 더 푹 익은 면을 선호한다면
  물을 조금씩 더 넣으면서
  약 10~11분가량 끓입니다.
• 베트남고춧가루는 두 꼬집 정도 넣고,
  취향에 따라 더 넣거나 덜 넣어
  맵기를 조절합니다.

1 마늘을 얇게 썰어 편마늘로 준비한다.

2 팬에 올리브오일(5T)을 넉넉히 두른 뒤 편마늘을 넣고 약불에 볶는다.

3 2cm 정도로 썰어둔 갓김치와 베트남고춧가루를 넣고 볶는다.

4 파스타면과 물(350mL), 치킨스톡을 넣고 8분간 끓인다.

5 국물이 모두 졸아들면 올리브오일(약간)을 한 번 더 두르고
후추를 뿌려 완성한다.

고등어파스타

난이도 ★★★☆☆

고소하고 짭조름한 고등어구이에 화이트와인식초의 산미가 더해져
남다른 풍미를 자랑하는 고등어파스타랍니다. 고등어구이가 들어간 파스타는 생소할 텐데,
요즘 제 최애 파스타라고도 할 수 있을 정도로 맛있으니 꼭 만들어보세요.

만|드|는|법

재료

- □ 파스타면 80g
- □ 순살 고등어 1마리(100g)
- □ 마늘 10톨
- □ 쪽파 약간
- □ 면수 100mL

- □ 올리브오일 5T
- □ 화이트와인식초 1T
- □ 베트남고춧가루 약간
- □ 소금(면 삶기) 0.7T
- □ 소금(생선 굽기) 약간
- □ 통후추 약간

1 마늘을 얇게 썰어 편마늘로 준비한다.

2 끓는 물에 소금(0.7T)과 파스타면을 넣고 6분간 삶은 뒤
약간의 면수(100mL)는 따로 빼둔다.

3 팬에 올리브오일을 넉넉히 두른 뒤 편마늘, 베트남고춧가루를 넣고 볶는다.

4 **2**의 면수(100mL)와 삶은 파스타면을 넣고 면수와 올리브오일이 잘 섞여
소스화되도록 팬을 흔들며 볶는다.

5 순살 고등어에 앞뒤로 약간의 소금을 뿌려 간한 뒤
껍질 부분부터 뒤집어가며 노릇해질 때까지 굽는다.

6 접시에 파스타를 담고 통후추를 갈아 넣은 뒤 화이트와인식초를 뿌린다.

7 구운 고등어를 올리고 쫑쫑 썬 쪽파를 뿌려 완성한다.

TIP
- 전자레인지로 간편하게 조리할 수 있는 시판 순살 고등어구이를 사용해도 됩니다.
- 면수는 파스타면 삶은 물을 활용합니다.
- 파스타면을 삶을 때는 물 약 1L에 소금 0.7T(10g) 정도 넣습니다.

마파두부파스타

마파두부를 응용해 만든 마파두부파스타예요. 두부소스의 자잘한 두부와 두부면 입자가 씹혀
더욱 매력적인 마파두부파스타, 새롭지만 익숙하기도 한 맛이라 자꾸만 손이 간답니다.

 만|드|는|법

재료

- ☐ 파파델리 파스타면 80g
- ☐ 다진 돼지고기(앞다리살) 100g
- ☐ 양파 1/4개
- ☐ 대파 1/2대
- ☐ 청양고추 1개
- ☐ 홍고추 1개
- ☐ 다진 마늘 1T
- ☐ 쪽파 약간

- ☐ 고추기름(재료 볶기) 5T
- ☐ 고추기름(풍미 더하기) 0.5T
- ☐ 두반장 2T
- ☐ 고추장 0.5T
- ☐ 된장 0.5T
- ☐ 올리고당 0.5T

두부소스
- ☐ 두부 100g
- ☐ 두부면 100g
- ☐ 물 150mL

TIP

• 마파두부파스타의 핵심은 두부로 만든 꾸덕꾸덕한 소스예요. 이 소스에는 두꺼운 파스타면이 잘 어울려 파파델리 파스타면을 사용했는데, 파파델리 파스타면이 없다면 다른 두꺼운 파스타면을 사용해도 됩니다.

1 양파, 대파, 청양고추, 홍고추를 잘게 다진다.

2 믹서에 두부, 두부면, 물을 넣고 간다.

3 팬에 고추기름(5T)을 넣고 다져둔 대파와 양파, 다진 마늘을 넣고 볶는다.

4 다진 돼지고기, 다져둔 청양고추와 홍고추, 두반장, 고추장, 된장, 올리고당을 넣고 볶는다.

5 **2**의 갈아둔 두부소스를 넣고 끓인다.

6 6분간 삶은 파파델리 파스타면을 넣어 2~3분 더 익힌 뒤 그릇에 담고 고추기름(0.5T)과 쫑쫑 썬 쪽파를 뿌려 완성한다.

☆특별한식사☆

시래기된장파스타

난이도 ★★★☆☆

구수한 된장과 버터의 풍미가 이상하게 잘 어울리는 맛, 시래기된장파스타예요.
우리 식재료인 장류는 잘만 활용하면 의외로 양식에도 조화롭게 어우러진답니다. 색다른 파스타에 도전해보세요.

🧑‍🍳 만|드|는|법

재료

- □ 파스타면 80g
- □ 삶은 시래기 50g
- □ 칵테일새우 9마리(80g)
- □ 다진 마늘 0.5T
- □ 면수 90mL
- □ 물 100mL

- □ 버터(재료 볶기) 10g
- □ 버터(풍미 더하기) 10g
- □ 맛술 1T
- □ 참치액 0.5T
- □ 된장 0.5T
- □ 베트남고춧가루 약간
- □ 소금(면 삶기) 0.7T
- □ 소금(새우 굽기) 약간
- □ 후추 약간

TIP

- 면수는 파스타면 삶은 물을 활용합니다.
- 파스타면을 삶을 때는 물 약 1L에 소금 0.7T(10g) 정도 넣습니다.
- 칵테일새우를 볶을 때는 소금 한 꼬집 정도 넣습니다.
- 베트남고춧가루는 두 꼬집 정도 넣고, 취향에 따라 더 넣거나 덜 넣어 맵기를 조절합니다.

1 끓는 물에 소금(0.7T)과 파스타면을 넣고 6분간 삶은 뒤 약간의 면수(90mL)는 따로 빼둔다.

2 팬에 버터(10g)를 넣고 녹인 뒤 칵테일새우, 소금(약간), 후추를 넣고 볶는다.

3 삶은 시래기, 다진 마늘, 맛술, 베트남고춧가루를 넣고 볶는다.

4 **1**의 면수(90mL)와 물(100mL), 된장, 참치액을 넣고 부드럽게 저으며 끓인다.

5 삶은 파스타면을 넣은 뒤 소스와 잘 섞이도록 팬을 흔들며 2분간 끓여 졸인다.

6 접시에 담고 버터(10g)를 올려 완성한다.

 간 단 레시피

◎ 시래기볶음

삶은 시래기 200g을 잘게 썰고, 다진 마늘 0.5T, 국간장 1.5T, 들기름 1.5T을 넣은 뒤 세게 주무르듯 버무린다. 팬에 버무린 시래기를 넣고 볶아 완성한다.

청국장크림파스타

난이도 ★★★☆☆

한국의 고소함과 서양의 고소함이 만나 완벽한 하모니를 이루는 청국장크림파스타예요.
이름부터 생소하지만, 크림소스와 된장류의 양념이 은근히 잘 어울린답니다.
평소에 먹던 파스타가 조금 지겨워졌다면 오늘은 청국장크림파스타에 도전해보세요.

재료

- ☐ 페투치네 파스타면 80g
- ☐ 청국장 100g
- ☐ 양송이버섯 3개
- ☐ 마늘 10톨
- ☐ 쪽파 약간
- ☐ 생크림 90mL
- ☐ 면수 100mL

- ☐ 버터 10g
- ☐ 베트남고춧가루 0.3T
- ☐ 소금 0.7T

TIP

- 파스타면은 제품마다 삶는 시간이
  다릅니다. 제품 포장지에 기재된
  시간을 참고해 삶습니다.
- 면수는 파스타면 삶은 물을 활용합니다.
- 파스타면을 삶을 때는 물 약 1L에
  소금 0.7T(10g) 정도 넣습니다.

1 양송이버섯과 마늘을 얇게 썰어 준비한다.

2 끓는 물에 소금과 페투치네 파스타면을 넣고 8~12분간 삶은 뒤
약간의 면수(100mL)는 따로 빼둔다.

3 팬에 기름을 두른 뒤 썰어둔 마늘과 청국장을 넣고 볶는다.

4 썰어둔 양송이버섯과 베트남고춧가루를 넣고 함께 볶는다.

5 불을 끄고 생크림을 넣어 잘 섞은 뒤 다시 불을 켜 끓인다.

6 **2**의 면수(100mL)와 삶은 페투치네 파스타면을 넣고
소스와 잘 섞이도록 팬을 흔들며 볶는다.

7 버터를 넣고 마저 볶은 뒤 그릇에 담고 쫑쫑 썬 쪽파를 뿌려 완성한다.

누룽지불고기빠네파스타

빵의 속을 파내고 크림파스타를 넣어 먹는 빠네파스타에서 아이디어를 얻어, 완전 한식 스타일로
재탄생한 누룽지불고기빠네파스타예요. 빵은 누룽지로, 크림파스타는 불고기파스타로 대체했답니다.
국물을 자작하게 만들어, 면을 다 먹고 나서 국물에 젖은 누룽지도 맛있게 먹을 수 있어요.

만|드|는|법

재료

- □ 파스타면 80g
- □ 불고기용 소고기(앞다리살) 100g
- □ 다진 대파 1T
- □ 다진 마늘 1T
- □ 쪽파 약간
- □ 면수 180mL
- □ 물 90mL

- □ 간장 1T
- □ 맛술 1T
- □ 물엿 0.5T
- □ 베트남고춧가루 0.3T
- □ 설탕 0.5T
- □ 맛소금 0.3T
- □ 소금 0.7T
- □ 후추 약간

누룽지 그릇

- □ 밥 1공기(210g)
- □ 물 50mL

'고기 핏물 제거하기'
17쪽 참고

TIP

- 이 레시피는 약 1.5인분에 해당하는 양입니다.
- 불고기용 소고기는 앞다리살을 사용했지만, 목심이나 우둔살을 사용해도 됩니다.
- 면수는 파스타면 삶은 물을 활용합니다.
- 파스타면을 삶을 때는 물 약 1L에 소금 0.7T(10g) 정도 넣습니다.

1 냄비에 밥과 물(50mL)을 넣고 냄비 모양대로 밥을 눌러 그릇처럼 만든다.

2 약불에 딱딱해질 때까지 가열해 누룽지 그릇을 만든다.

3 불고기용 소고기는 핏물을 제거해 준비한다.

4 끓는 물에 소금(0.7T)과 파스타면을 넣고 5분간 삶은 뒤 약간의 면수(180mL)는 따로 빼둔다.

5 팬에 기름을 두른 뒤 불고기용 소고기, 다진 대파, 다진 마늘, 간장, 맛술, 물엿, 베트남고춧가루, 설탕, 맛소금(0.3T)을 넣고 볶는다.

6 4의 면수(180mL)와 물(90mL), 삶은 파스타면을 넣고 2분간 끓여 졸인 뒤 후추를 뿌린다.

7 2의 누룽지 그릇에 6의 파스타를 담는 뒤 쫑쫑 썬 쪽파를 뿌려 완성한다.

더위먹지마라삼계탕

한국 전통 보양식과 중식의 기막힌 만남, 올여름 몸보신을 책임질 더위먹지마라삼계탕!
기름진 닭 육수에 알싸한 마라소스를 넣어 얼큰한 보양식으로 재탄생했답니다.
보기보다 만들기 어렵지 않으니, 마라를 좋아한다면 꼭 도전해보세요.

만 | 드 | 는 | 법

재료

- □ 백숙용 생닭 1마리(850g)
- □ 삼계탕 한방팩 1개
- □ 찹쌀 1컵(150g)
- □ 알배추잎 1장(35g)
- □ 청경채 50g
- □ 마늘 5톨
- □ 대추 2개
- □ 부추 35g
- □ 물 2L

- □ 마라소스 1/2컵(70g)
- □ 베트남고춧가루 0.3T
- □ 후추 약간

TIP

- 이 레시피는 약 1.5~2인분에 해당하는 양입니다.
- 생닭을 손질하는 방법이 어렵다면 유튜브, 네이버 등에 영상 자료가 많으니 검색해 참고해보세요.
- 여기서는 '이금기 훠궈 마라탕 소스'를 사용했지만, 다른 제품으로 대체해도 됩니다. 참고로 '이금기 훠궈 마라탕 소스' 1봉(70g)을 모두 사용하였으니, 다른 제품으로 대체 시 참고하여 양을 조절합니다.

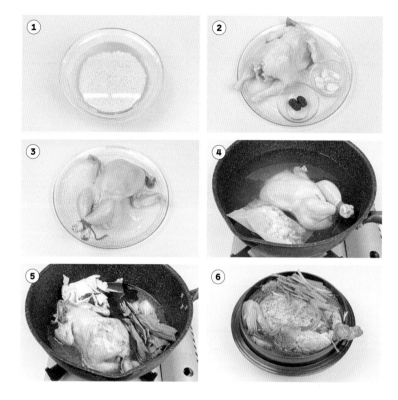

1 찹쌀은 최소 5시간 이상 미리 불린다.

2 생닭은 지방이 많은 꽁지 부분과 피가 많이 고여 있는 날개 끝부분을 잘라내고, 불필요한 지방과 내장 찌꺼기 등을 떼며 흐르는 물에 씻는다.

3 손질한 닭 뱃속에 불린 찹쌀, 마늘, 대추를 넣고 다리를 꼬아 실로 묶는다.

4 큰 냄비에 손질한 닭과 물(2L), 삼계탕 한방팩을 넣고 뚜껑을 닫아 약 40분간 끓인다.

5 알배추잎, 청경채, 마라소스, 베트남고춧가루를 넣고 한소끔 끓인다.

6 뚝배기에 옮긴 뒤 부추를 썰어 올리고 후추를 뿌려 완성한다.

PART 02

특별한
대 접

배추샐러드

난이도 ★☆☆☆☆

힝, 속았지? 언뜻 보면 김치처럼 보이지만, 사실은 아삭하고 매콤한 맛이 일품인 배추샐러드랍니다.
비주얼은 물론 맛도 정말 훌륭해 손님상에서 특히 인기 만점이에요.
색다른 애피타이저가 필요할 때 배추샐러드를 준비해보세요.

만|드|는|법 ─────────────────────

재료

- ☐ 알배추 1/4개
- ☐ 베이컨 2줄(40g)
- ☐ 블랙 올리브 5개
- ☐ 크랜베리 2T
- ☐ 잣 2T
- ☐ 그라나파다노치즈 약간

- ☐ 마요네즈 4T
- ☐ 불닭소스 2T
- ☐ 연유 2T
- ☐ 레몬즙 3T

1 알배추를 세로로 사 등분 해 준비한다.

2 마요네즈, 불닭소스, 연유, 레몬즙을 섞어 소스를 만든다.

3 썰어둔 배추 사이사이에 만들어둔 소스를 바른다.

4 베이컨을 잘게 썰어 팬에 바싹 익히거나,
에어프라이어에 180도로 10분간 굽는다.

5 바싹 익힌 베이컨, 썰어둔 블랙 올리브, 크랜베리, 잣을 골고루 뿌리고
그라나파다노치즈를 갈아 올려 완성한다.

간 단
레시피

◎ 배추겉절이

알배추 1/4개를 먹기 좋은 크기로 썬다. 볼에 배추를 담고
다진 마늘 0.5T, 매실청 1T, 참치액젓 1T, 고춧가루 1T, 참기름 1T을 넣고 버무려 완성한다.

와사비꿀토마토

2차 안주로 가볍지만 특별하게 먹고 싶을 때 완전 추천하는 와사비꿀토마토예요.
꿀을 발라 달달해진 토마토에 와사비가 킥 역할을 해주어 고급스러운 요리처럼 느껴진답니다.

만|드|는|법

PART 2

재료

☐ 토마토 1개
☐ 꿀 약간
☐ 와사비 약간

TIP

• 꿀을 뿌린 토마토에 와사비를
  적당량 올려 먹으면 됩니다.

1 토마토를 슬라이스로 썬다.

2 접시에 토마토를 예쁘게 펼쳐 담는다.

3 꿀을 취향껏 뿌린다.

4 접시 가운데에 와사비를 올려 완성한다.

오이연어롤

시원한 오이를 얇게 썰어 연어와 아보카도를 넣고 김밥처럼 돌돌 말아 만든 오이연어롤이에요.
간단하지만 재료의 조합이 놀라운 맛을 만들어내고,
특히 썰어놓으면 아주 먹음직스러워 손님 대접하기 좋은 요리랍니다.

만|드|는|법 ───────────

재료

☐ 오이 1개
☐ 아보카도 1/2개
☐ 훈제연어슬라이스 120g
☐ 크림치즈 3T

☐ 베트남고춧가루 약간
☐ 후추 약간

TIP

· 감자칼(필러)로 오이를 얇게 썰 때
  오이 끝에 포크를 꽂아 썰면 더 쉽습니다.
· 베트남고춧가루와 후추는
  취향껏 뿌립니다.

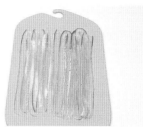

1 껍질과 씨를 제거한 아보카도는 적당히 얇게 썬다.

2 깨끗이 씻은 오이는 감자칼을 사용해 세로로 얇게 썬 뒤
   한두 겹씩 겹쳐서 넓게 깔아둔다.

3 깔아둔 오이에 크림치즈를 넓게 펴바른다.

4 훈제연어슬라이스와 아보카도를 차례로 올린다.

5 베트남고춧가루와 후추를 취향껏 뿌린다.

6 재료가 빠져나오지 않게 잘 감싸 돌돌 말고 한입 크기로 썰어 완성한다.

계란품은아보카도

아보카도에 계란을 채워 구운 계란품은아보카도, 좋은 단백질과 건강한 지방이 만나
앙상블을 이루는 요리랍니다. 탄수화물이 부담스러울 때 근사한 한 끼 식사가 될 수 있고,
더부룩하지 않은 안주로도 최고예요.

만|드|는|법

재료

- ☐ 아보카도 1개
- ☐ 계란 2개
- ☐ 베이컨 1/2줄(10g)

- ☐ 베트남고춧가루 약간
- ☐ 맛소금 약간
- ☐ 통후추 약간

TIP

- 베트남고춧가루, 맛소금은 한 꼬집 정도 골고루 뿌립니다.

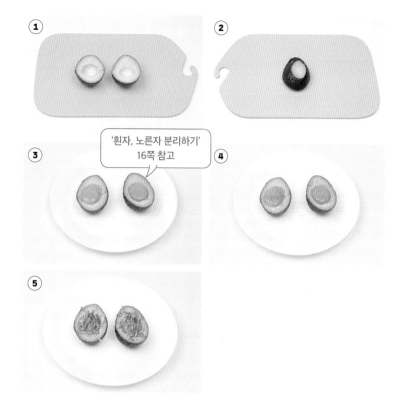

'흰자, 노른자 분리하기' 16쪽 참고

1 후숙한 아보카도를 반으로 자르고 씨를 제거한 뒤 숟가락으로 가운데를 조금 더 파낸다.

2 아보카도의 껍질 부분은 평평하게 썰어 뒤뚱거리지 않게 세운다.

3 계란을 깨서 흰자와 노른자를 분리하고, 아보카도에 노른자 먼저 넣은 뒤 넘치지 않게 흰자를 채운다.

4 맛소금을 뿌리고 통후추를 갈아 넣어 간한다.

5 잘게 썬 베이컨을 올리고 베트남고춧가루를 뿌린 뒤 에어프라이어에 예열 없이 180도로 10~15분간 익혀 완성한다.

두부초밥

노릇하게 구운 뒤 단짠단짠 간장 양념에 졸인 두부로 만든 두부초밥이에요.
구운 두부만의 부드럽고 쫄깃한 식감이 매력적이고, 재료는 무척 간단하지만
비주얼은 훌륭해 손님들이 좋아하는 요리랍니다.

만|드|는|법

재료

☐ 부침용 두부 1/3모(150g)
☐ 현미밥 1공기(210g)
☐ 김 약간

☐ 참기름 1T
☐ 맛소금 약간

졸임용 양념장
☐ 물 90mL
☐ 간장 2T
☐ 맛술 2T
☐ 굴소스 0.5T
☐ 물엿 0.5T
☐ 베트남고춧가루 약간

TIP

• 두부는 단단한 부침용 두부를 사용합니다.
• 밥에 맛소금은 한 꼬집 정도 넣습니다.
• 졸임용 양념장에 베트남고춧가루는
  한 꼬집 정도 넣고, 취향에 따라
  더 넣거나 덜 넣어 맵기를 조절합니다.

①
②
③
④
⑤
⑥
⑦
⑧

1 물, 간장, 맛술, 굴소스, 물엿, 베트남고춧가루를 넣고 섞어
   졸임용 양념장을 만든다.

2 팬에 기름을 두른 뒤 물기를 제거한 두부를 넣고
   겉면이 전체적으로 노릇해질 때까지 굴려 가며 굽는다.

3 두부가 담긴 팬에 **1**의 졸임용 양념장을 넣는다.

4 두부를 굴려 가며 졸임용 양념장이 모두 졸아들 때까지 끓인다.

5 한 김 식힌 두부를 먹기 좋은 크기로 썬다.

6 현미밥에 참기름과 맛소금을 넣고 섞는다.

7 손으로 동그랗게 쥐어 뭉친 밥에 **5**의 두부를 올리고 남은 양념을 바른다.

8 얇게 자른 김으로 감싸 완성한다.

원팬잡채

난이도 ★★☆☆☆

잡채는 재료를 따로따로 볶아 준비해야 해서 번거롭지만, 원팬잡채는 모든 재료를 한꺼번에 볶아
간단히 만들 수 있답니다. 원팬으로 만들었지만 얼마나 맛있게요?
이대로만 따라 하면 잡채도 직접 만들 수 있는 요리 고수라고 할 수 있지요!

만|드|는|법

재료

- □ 당면 200g
- □ 양파 1개
- □ 당근 1/3개
- □ 빨간색 파프리카 1/2개
- □ 노란색 파프리카 1/2개
- □ 부추 45g
- □ 다진 마늘 0.5T
- □ 물 250mL

- □ 식용유 1.5T
- □ 간장 4T
- □ 소고기다시다 0.5T
- □ 흑설탕 1.5T
- □ 미원 약간
- □ 참기름 2T
- □ 깨 약간

TIP

- 국물을 자작하게 끓여야 해서 팬보다는 웍을 사용해 조리하길 권장합니다. 만약 웍이 없다면 냄비를 사용합니다.
- 미원은 한두 꼬집 정도 넣으면 간단하게 감칠맛을 더욱 살릴 수 있습니다.

PART 2

1 당면을 미지근한 물에 담궈 30분간 불린다.

2 양파, 당근, 빨간색 파프리카, 노란색 파프리카, 부추를 채 썰어 준비한다.

3 웍에 물, 식용유, 간장, 소고기다시다, 흑설탕, 미원을 넣은 뒤 썰어둔 양파와 당근을 넣고 약 2분간 끓인다.

4 물이 끓으면 당면을 넣고 5분간 끓인다.

5 물이 졸아들면 썰어둔 빨간색 파프리카와 노란색 파프리카, 부추, 다진 마늘, 참기름을 넣는다.

6 모든 재료를 잘 섞은 뒤 깨를 뿌려 완성한다.

페퍼로니감자전

감자와 페퍼로니가 만든 환상의 비주얼, 페퍼로니감자전이에요.
꼭 특별한 재료를 활용하지 않아도 남다른 모양새에 감탄과 박수부터 나오는 요리랍니다.
물론 화려한 외관처럼 맛도 훌륭해 깜짝 놀랄 거예요.

만|드|는|법

재료

☐ 감자 2개
☐ 페퍼로니 22장(60g)
☐ 모차렐라치즈 80g
☐ 감자전분가루 2T
☐ 물 2T

☐ 베트남고춧가루 약간

TIP

• 감자전분가루는 부침가루로 대체할 수
  있지만, 감자전분가루를 넣었을 때
  좀 더 쫀득한 식감을 살릴 수 있습니다.
  식감의 디테일도 함께 챙겨 더욱 맛있는
  페퍼로니감자전을 만들어보세요.
• 베트남고춧가루는 두 꼬집 정도 넣고,
  페퍼로니가 약간 매콤하다면 취향에 따라
  더 넣거나 덜 넣어 맵기를 조절합니다.

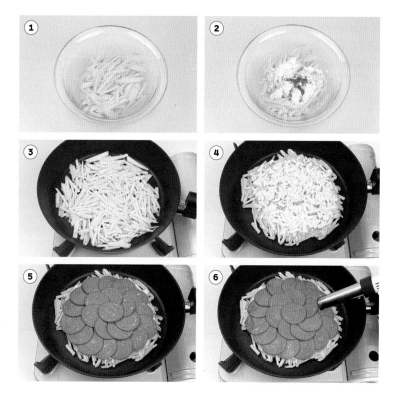

1 감자를 얇게 채 썰어 볼에 담는다.

2 감자전분가루, 물, 베트남고춧가루를 넣고 섞는다.

3 팬에 기름을 두른 뒤 **2**의 반죽을 올려 중약불에 노릇하게 익힌다.

4 반죽을 뒤집고 모차렐라치즈를 골고루 올린다.

5 페퍼로니를 꽃처럼 올린 뒤 뚜껑을 덮고 치즈를 녹인다.

6 페퍼로니를 토치로 노릇하게 구워 완성한다.

부추새우전

부추를 갈아서 만든 부추새우전은 더 예쁜 모양으로 전을 부칠 수 있고, 부추의 향을
물씬 맡을 수 있어 매력적이랍니다. 향긋한 부추와 통통한 새우의 만남, 부추새우전 정말 맛있어요.

만 ᅵ 드 ᅵ 는 ᅵ 법 ────────────────

재료

□ 칵테일새우 15마리(135g)
□ 부추 100g
□ 홍고추 1개
□ 부침가루 2/3컵(70g)
□ 물 100mL

□ 참치액젓 0.5T

TIP

• 칵테일새우는 전의 크기에 따라
  필요한 양이 다르니 크기에 따라
  약 10~20마리 사이로 준비합니다.
• 참치액젓은 멸치액젓이나
  꽃게액젓 등으로 대체할 수 있지만,
  풍미가 약간 달라질 수 있어요.
• 간장, 식초, 물을 1:1:1 비율로 섞어,
  부추새우전을 찍어 먹을 수 있는 초간단
  양념장을 만들어보세요. 취향에 따라
  고춧가루나 깨를 넣어도 좋습니다.

1 믹서에 물과 썰어둔 부추를 넣어 갈고, 칵테일새우는 따로 씻어서
   물기를 제거해둔다.

2 **1**의 갈아놓은 부추에 부침가루와 참치액젓을 넣고 잘 섞는다.

3 팬에 기름을 두른 뒤 **2**의 반죽을 크게 한 숟갈 떠서 올린다.
   썰어둔 홍고추와 칵테일새우를 올리고 뒤집어가며 노릇하게 익혀 완성한다.

 간 단 레시피 **◎ 초간단 부추무침**
부추를 4cm 정도의 먹기 좋은 크기로 썰어 준비한다.
볼에 참치액젓 1T, 매실청 1T, 고춧가루 1T, 참기름 1T을 넣고 버무려 완성한다.

매콤비지크림만두

난이도 ★★☆☆☆

비주얼만 보면 비지로 만들었는지 아무도 모르는 퓨전 요리, 매콤비지크림만두랍니다.
고소한 비지와 부드러운 우유에 체더치즈의 진한 맛과 풍미가 더해져, 먹을수록 구수하고 담백한 요리예요.

만|드|는|법

재료

- ☐ 냉동만두 15개(450g)
- ☐ 콩비지 200g
- ☐ 양파 1/2개
- ☐ 다진 마늘 1T
- ☐ 체더치즈 1장
- ☐ 우유 200mL

- ☐ 베트남고춧가루 0.3T
- ☐ 맛소금 0.3T
- ☐ 후추 0.3T
- ☐ 통후추 약간
- ☐ 파슬리 약간

TIP

• 만두를 넣고 익힐 때 뚜껑을 덮어주면
  더 빠르게 익힐 수 있습니다.

1 팬에 기름을 두른 뒤 채 썬 양파와 다진 마늘을 넣고 볶는다.

2 콩비지, 우유, 베트남고춧가루, 맛소금, 후추를 넣는다.

3 냉동만두를 넣고 중약불에 만두가 익을 때까지 익힌다.

4 체더치즈를 넣고 치즈가 녹으면 불을 끈다.

5 파슬리를 뿌리고 통후추를 갈아 넣어 완성한다.

**간 단
레시피** ◎ **만두비지전**

냉동만두 5개를 전자레인지에 1분간 돌려 녹인 뒤 가위로 잘게 자른다.
잘게 자른 만두에 콩비지 300g, 계란 1개, 부침가루 1T, 맛소금 0.3T을 넣고 섞어 반죽을 만든다.
팬에 기름을 두른 뒤 반죽을 올리고 노릇하게 익혀 완성한다.

에그인헤븐

간단하지만 깊은 맛, 꾸덕꾸덕한 크림에 계란을 넣어 고소함이 배가 되는 맛, 에그인헤븐이랍니다.
브런치 한 끼로도 좋고, 안주나 야식으로 먹어도 정말 좋아요.

만|드|는|법

재료

□ 비엔나소시지 5개(40g)
□ 계란 3개
□ 양파 1/2개
□ 양송이버섯 3개
□ 시금치 40g
□ 다진 마늘 0.5T
□ 우유 150mL
□ 생크림 150mL

□ 버터 10g
□ 베트남고춧가루 0.3T
□ 맛소금 0.3T
□ 통후추 약간

1 시금치는 밑동을 잘라 깨끗이 씻은 뒤 양파는 채 썰고,
양송이버섯과 비엔나소시지도 잘게 썰어 준비한다.

2 팬에 기름을 두른 뒤 다진 마늘을 넣어 볶는다.

3 마늘 향이 올라오면 썰어둔 양파, 양송이버섯, 비엔나소시지 넣고 볶는다.

4 양파가 투명해지기 시작하면 버터와 시금치를 넣고 볶는다.

5 우유, 생크림, 맛소금을 넣고 마저 끓인다.

6 계란을 깨서 넣고 뚜껑을 닫는다.

7 뚜껑을 닫은 채 계란이 반숙 상태가 될 때까지 중약불로 3분간 익힌다.

8 베트남고춧가루를 뿌리고 통후추를 갈아 넣어 완성한다.

가지파스타

난이도 ★★★☆☆

가지를 구우면 가지 특유의 달짝지근한 맛이 살아나 매력적이에요. 맛있게 구운 가지에
파스타면을 더해 탄생한 가지파스타, 가지가 이렇게 맛있었나 하는 생각이 듭니다.
가지파스타를 통해 가지의 또 다른 면모를 만나보세요.

만|드|는|법 ─────────────────────

재료

- □ 파스타면 80g
- □ 가지 1개
- □ 계란 1개
- □ 대파 1/3대
- □ 다진 마늘 1T
- □ 쪽파 약간

- □ 올리브오일 1/2컵
- □ 치킨스톡 0.3T
- □ 베트남고춧가루 약간
- □ 소금 0.7T
- □ 설탕 0.3T
- □ 후추 약간

TIP

- 파스타면을 삶을 때는 물 약 1L에 소금 0.7T(10g) 정도 넣습니다.
- 올리브오일 1/2컵은 종이컵 기준 계량이며, 약 90mL입니다.
- 베트남고춧가루는 두 꼬집 정도 넣고, 취향에 따라 더 넣거나 덜 넣어 맵기를 조절합니다.
- 처음에는 계란 노른자를 섞지 말고 드셔보세요. 그냥 먹어도 맛있고 계란 노른자와 섞어 먹어도 맛있으니, 꼭 둘 다 맛보기를 추천합니다.

'흰자, 노른자 분리하기' 16쪽 참고

1 가지는 적당한 두께로 썰고, 대파의 줄기 부분은 쫑쫑 썰어 준비한다.

2 끓는 물에 소금과 파스타면을 넣고 6분간 삶는다.

3 팬에 올리브오일을 넣은 뒤 다진 마늘, 베트남고춧가루를 넣고 약불에 볶는다.

4 썰어둔 가지와 설탕을 넣고 볶는다.

5 삶아둔 파스타면과 치킨스톡을 넣고 볶는다.

6 접시에 담고 후추를 뿌린 뒤 쫑쫑 썬 대파와 쪽파, 계란 노른자를 올려 완성한다.

페타치즈파스타

특별한대접☆

난이도 ★★★☆☆

페타치즈파스타는 별다른 요리 스킬 없이 굽고 비벼주기만 하면 간단히 완벽한 맛을 낼 수 있는 요리예요.
만드는 건 간단하지만, 맛은 물론 보기에도 아주 근사한 요리지요.
고소하고 묵직한 치즈, 감칠맛 풍부한 토마토, 향긋한 바질까지 맛있을 수밖에 없는 조합이랍니다.

만|드|는|법

재료

- ☐ 펜네 파스타면 250g
- ☐ 페타치즈 1팩(200g)
- ☐ 방울토마토 350g
- ☐ 다진 마늘 1T
- ☐ 생바질 10g

- ☐ 올리브오일 약간
- ☐ 소금 0.7T

오븐 조리용 양념

- ☐ 올리브오일 4T
- ☐ 베트남고춧가루 0.3T
- ☐ 소금 약간
- ☐ 후추 약간

TIP

- 이 레시피는 약 2~3인분에 해당하는 양입니다.
- 파스타면을 삶을 때는 물 약 1L에 소금 0.7T(10g) 정도 넣습니다.
- 바질은 칼로 써는 것보다 손으로 뜯어서 넣을 때 향이 더 살아납니다.
- 페타치즈 베이스의 묵직한 맛을 더 잘 느끼려면 소스가 골고루 잘 묻을 수 있도록 면적이 넓은 파스타면을 추천합니다. 여기서는 펜네를 사용했지만, 리가토니 또는 파르팔레를 사용해도 됩니다. 다만 파스타면에 따라 삶는 시간이 다르니, 각 파스타면의 권장 조리 시간을 잘 확인하고 지켜야 합니다.
- 오븐이 없다면 오븐형 에어프라이어를 사용해도 됩니다.

1 오븐용 넓은 그릇에 페타치즈, 방울토마토, 다진 마늘을 넣고 올리브오일(4T), 베트남고춧가루, 소금(약간), 후추를 골고루 뿌린다.

2 180도로 예열한 오븐에 30분간 굽는다.

3 끓는 물에 소금(0.7T)과 펜네 파스타면을 넣고 9분간 삶아 건진 뒤 올리브오일을 골고루 묻힌다.

4 오븐에 구운 치즈와 토마토를 으깬다.

5 삶은 펜네 파스타면을 넣고 생바질을 뜯어 넣은 뒤 잘 비벼 완성한다.

두부크림파스타

난이도 ★★★★☆

두부와 우유, 치즈로 만든 두부크림파스타는 담백하지만 맛있고, 건강에도 좋은 파스타랍니다.
남녀노소 모두 좋아하는 두부크림파스타, 특히 아이들에게 인기 만점이에요.

만|드|는|법 ─────────────────────────────

재료

□ 파스타면 80g
□ 칵테일새우 12마리(110g)
□ 두부 약 1/2모(200g)
□ 우유 200mL
□ 체더치즈 1장
□ 다진 마늘 0.5T

□ 참치액 1T
□ 맛술 0.5T
□ 베트남고춧가루 0.3T
□ 소금 0.7T
□ 통후추 약간

TIP

• 파스타면을 삶을 때는 물 약 1L에
  소금 0.7T(10g) 정도 넣습니다.
• 칵테일새우는 취향껏 더 넣어도 됩니다.
  또한 베이컨이나 버섯 등 좋아하는
  다른 재료로 대체해도 됩니다.
• 어린아이들과 함께 먹으려면
  베트남고춧가루는 빼고 조리합니다.
  반대로 더욱 매운 맛을 원한다면
  베트남고춧가루를 조금 더 넣거나,
  청양고추를 썰어 넣습니다.

1 믹서에 두부와 우유를 넣고 간다.
2 끓는 물에 소금과 파스타면을 넣고 6분간 삶는다.
3 팬에 기름을 두른 뒤 칵테일새우, 다진 마늘, 맛술, 베트남고춧가루를 넣고
   중약불에 볶는다.
4 **1**의 두부소스를 넣는다.
5 삶은 파스타면을 넣고 참치액으로 간해 1분간 더 끓인다.
6 체더치즈를 넣고 체더치즈가 녹으면 불을 끈 뒤 통후추를 갈아 넣어 완성한다.

🥄간 단
레시피 **◎ 버터새우구이**
팬에 기름을 두른 뒤 다진 마늘 1T, 베트남고춧가루 0.3T을 넣고 중약불에 볶는다.
칵테일새우 15마리와 맛술 1T을 넣고 강불에 볶다가, 새우가 익으면 버터를 넣고 맛소금과 통후추로
간한다. 불을 끄기 직전에 설탕 0.5T을 넣고 볶은 뒤 불을 끄고 레몬즙 1T, 파슬리를 뿌려 완성한다.

가지갈비

난이도 ★★★★☆

만화에 나오는 일명 '만화 고기'처럼 모양을 만들어 먹음직스러운 비주얼이 돋보이는 가지갈비예요.
가지와 버섯의 수분과 달큰한 양념이 어우러져, 한입 가득 베어 물면 입안 가득 풍미가 퍼진답니다.
색다른 고기 요리를 대접하고 싶다면 꼭 도전해보세요.

😊 만│드│는│법

'고기 핏물 제거하기'
17쪽 참고

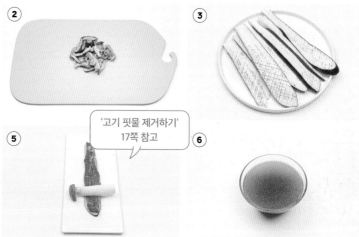

'고기 핏물 제거하기' 17쪽 참고

재료

- □ 불고기용 소고기(앞다리살) 100g
- □ 가지 2개
- □ 새송이버섯 2개
- □ 건표고버섯 4개
- □ 다진 마늘 0.5T
- □ 쪽파 약간
- □ 물 200mL

- □ 간장 3T
- □ 매실청 1T
- □ 맛술 0.5T
- □ 물엿 0.5T
- □ 베트남고춧가루 0.3T
- □ 설탕 0.5T
- □ 참기름 1T
- □ 후추 약간
- □ 깨 약간

1 따뜻한 물(200mL)에 건표고버섯을 넣어 하루 정도 미리 불린다.

2 건표고버섯을 불린 물은 따로 빼두고, 불린 건표고버섯은 슬라이스로 썬다.

3 가지를 세로로 얇게 썬 뒤 한쪽 면에 격자 모양으로 칼집을 내고
전자레인지에 3분간 돌린다.

4 새송이버섯을 세로로 사 등분 해 썬다.

5 가지의 칼집 낸 부분을 아래쪽으로 향하게 두고,
핏물을 제거한 불고기용 소고기와 새송이버섯을 올려 돌돌 만다.

6 볼에 **2**의 건표고버섯 불린 물(200mL)과 다진 마늘, 간장, 매실청, 맛술, 물엿,
베트남고춧가루, 설탕, 참기름, 후추를 넣고 섞어 양념장을 만든다.

7 냄비에 썰어둔 건표고버섯, **5**의 가지갈비, **6**의 양념장을 모두 넣는다.

8 뚜껑을 닫고 10분간 졸인 뒤 쪽파와 깨를 뿌려 완성한다.

TIP
- 불고기용 소고기는 앞다리살을 사용했지만, 목심이나 우둔살을 사용해도 됩니다.
- 가지는 약 0.5cm 두께로 썰어야 모양을 잡기 편하고, 익힌 후의 식감도 괜찮습니다.

얼큰백숙

난이도 ★★★★★

하얀 국물 라면도 있는데, 왜 빨간 국물 백숙은 없는지 생각해본 적 없나요?
평소에 칼칼한 맛을 좋아한다면 얼큰백숙에 도전해보세요.
익숙하면서도 새로운 맛, 얼큰한 몸보신이 여러분을 기다리고 있답니다.

만|드|는|법

재료

☐ 백숙용 생닭 1마리(1.3kg)
☐ 삼계탕 한방팩 1개
☐ 대파(하얀색 줄기) 2대
☐ 마늘 10톨
☐ 대추 10개
☐ 부추 30g
☐ 물 2.5L

국물용 양념장

☐ 다진 마늘 1T
☐ 국간장 3T
☐ 멸치액젓 3T
☐ 고춧가루 3T
☐ 베트남고춧가루 0.5T
☐ 후추 0.3T

TIP

• 이 레시피는 약 3~4인분에
  해당하는 양입니다.
• 생닭 손질하는 방법이 어렵다면
  유튜브, 네이버 등에 영상 자료가 많으니
  검색해 참고해보세요.

1 생닭은 지방이 많은 꽁지 부분과 피가 많이 고여 있는 날개 끝부분을 잘라내고,
   불필요한 지방과 내장 찌꺼기 등을 떼며 흐르는 물에 씻는다.
2 큰 냄비에 손질한 닭과 물(2.5L), 삼계탕 한방팩, 대파(하얀색 줄기),
   마늘, 대추를 모두 넣고 끓인다.
3 다진 마늘, 국간장, 멸치액젓, 고춧가루, 베트남고춧가루, 후추를 넣고
   국물용 양념장을 만든다.
4 물이 끓으면 거품을 걷어낸 뒤 **3**의 국물용 양념장을 넣고 50분간 끓인다.
5 닭이 익으면 삼계탕 한방팩을 건져낸 뒤 먹기 편한 냄비에 옮겨 담고
   부추를 썰어 올려 완성한다.

**간 단
레시피** ◎ **얼큰닭죽**
얼큰백숙 남은 국물에 3시간 동안 불린 찹쌀 2컵(300g)을 넣고 15~20분간 중불에 끓여 완성한다.

PART 03

특별한
안   주

황도카프레제

난이도 ★☆☆☆☆

특별한 2차 안주를 찾고 있다면, 답은 황도카프레제입니다.
얼음을 넣은 황도 안주는 이제 그만! 비주얼부터 맛까지 '미쳤다'라는 탄성이 절로 나옵니다.
와인에 제일 잘 어울리지만 소주에도 의외로 아주 잘 어울리는 놀라운 맛이랍니다.

재료

- ☐ 생모차렐라치즈 120g
- ☐ 묽은 그릭요거트 120g
- ☐ 황도 통조림 1개(400g)
- ☐ 하몽 60g
- ☐ 딜 약간

- ☐ 소금 0.3T
- ☐ 올리브오일 약간
- ☐ 통후추 약간

TIP

• 허브의 한 종류인 딜은 생략해도
되지만, 딜의 향과 풍미가 맛을
꽉 채워주므로 황도카프레제를
제대로 즐기고 싶다면
꼭 첨가해보길 바랍니다.

1 볼에 생모차렐라치즈를 한입 크기로 찢어 넣은 뒤
묽은 그릭요거트, 소금을 넣고 통후추를 갈아 넣어 섞는다.

2 접시에 **1**의 요거트를 넓게 발라준 뒤 황도는
한입 크기로 썰고 하몽은 뜯어서 올린다.

3 딜, 올리브오일을 뿌리고 통후추를 갈아 넣어 완성한다.

라이스페이퍼연어카나페

라이스페이퍼연어카나페는 특히 손님을 초대했을 때 간단하면서도 화려하게 대접할 수 있는 요리예요.
바삭한 라이스페이퍼와 크리미한 아보카도, 훈제연어의 감칠맛과 깊은 풍미가 잘 어울리는 요리이고,
눈과 입이 모두 즐거우면서도 가볍게 즐길 수 있는 안주이지요.

만|드|는|법

재료

☐ 라이스페이퍼 2장
☐ 훈제연어슬라이스 약 250g
☐ 아보카도 1개

☐ 통후추 약간

카나페 소스

☐ 스리라차소스 2T
☐ 마요네즈 2T
☐ 레몬즙 1T
☐ 설탕 2T

TIP

• 훈제연어슬라이스 두 점을 연결해서
  돌돌 말아주면 예쁜 꽃 모양이 됩니다.

'튀김 조리하기'
16쪽 참고

1 라이스페이퍼를 사 등분 해 자른다.
2 팬에 기름을 넉넉히 두른 뒤 자른 라이스페이퍼를 넣어 튀긴다.
3 아보카도를 얇게 썰어 준비한다.
4 스리라차소스, 마요네즈, 레몬즙, 설탕을 넣고 섞어 카나페 소스를 준비한다.
5 튀긴 라이스페이퍼 위에 썰어둔 아보카도를 서너 조각 올린 뒤
     훈제연어슬라이스 두 점을 겹쳐 돌돌 말아 올린다.
6 **4**의 카나페 소스를 올린 뒤 통후추를 갈아 넣어 완성한다.

명란오이탕탕이

오이를 칼로 자르지 않고 두들겨서 조각내면 오이의 시원한 향이 더욱 살아납니다.
명란젓으로 간해주어 천연 감칠맛을 느낄 수 있으며, 아삭하니 시원해서 여름 안주로 제격이랍니다!

만|드|는|법

재료

☐ 명란젓 1/4개(15g)
☐ 오이 1개
☐ 다진 마늘 0.5T

☐ 매실청 0.5T
☐ 식초 1T
☐ 깨 1T

TIP

• 명란젓 15g은 숟가락 기준 1T이므로
  참고해 준비합니다.
• 밀대가 없다면 적당히 묵직한
  다른 도구를 활용해도 됩니다.

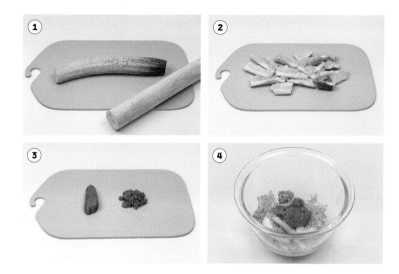

1   손질할 오이와 밀대를 준비한다.
2   오이를 두들겨 조각낸다.
3   명란젓은 껍질과 알을 분리하여 알만 준비한다.
4   볼에 손질한 오이와 명란젓, 다진 마늘, 매실청, 식초를 넣고
     깨를 빻아 넣은 뒤 조물조물 무쳐 완성한다.

버터명란감자볶음

버터의 고소한 풍미와 명란의 짭조름함이 어우러진 버터명란감자볶음은 맥주와 특히 더 잘 어울리는 안주입니다.
겉은 바삭하면서 속은 부드러운 식감이 매력적이며, 자극적이지 않아 자꾸만 손이 가요.

만|드|는|법

재료

☐ 명란젓 1/2개(30g)
☐ 감자 2개

☐ 버터 10g
☐ 통후추 약간

TIP

· 명란젓 30g은 숟가락 기준 2T이므로
  참고해 준비합니다.
· 감자는 중약불에 모든 면을 노릇하게
  잘 익혀야 최상의 식감이 완성돼요.

1 감자는 껍질을 벗겨 깍둑썰기를 한다.

2 명란젓은 껍질과 알을 분리하여 알만 준비한다.

3 팬에 기름을 두른 뒤 감자의 겉이 노릇해질 때까지 중약불에 볶는다.

4 손질한 명란젓을 넣고 함께 볶는다.

5 버터를 녹여 향을 입혀준 뒤 통후추를 갈아 넣어 완성한다.

아코디언감자

포슬포슬한 감자와 짭짤하고 고소한 체더치즈, 산미 있는 사워크림까지,
정말 조화로운 데다 모양까지 재밌는 아코디언감자예요. 시원한 맥주 한잔과 함께라면
간단하면서도 가볍게 즐기기 좋고, 든든하면서도 너무 배부르진 않아 제격이랍니다.

재료

☐ 감자 1개
☐ 베이컨 1줄(20g)
☐ 체더치즈 1장
☐ 쪽파 약간

☐ 버터 20g
☐ 올리브오일 2T
☐ 사워크림 3T
☐ 맛소금 0.3T
☐ 파슬리 0.3T
☐ 통후추 약간

TIP

• 베이컨은 팬에 바싹 익혀도 됩니다.

1 나무젓가락을 나란히 두고, 사이에 감자를 놓은 뒤 아랫부분만 남기고 나무젓가락까지만 얇게 칼집을 낸다.

2 **1**의 감자를 물에 10분간 담가 전분기를 제거한 뒤 물기를 닦아 준비한다.

3 버터를 그릇에 담아 전자레인지에 30초간 돌려 녹인 뒤 올리브오일, 맛소금, 파슬리를 넣고 섞는다.

4 물기를 제거한 감자에 **3**에서 만든 버터를 골고루 바른 뒤 200도로 예열한 에어프라이어에 25분간 익힌다.

5 익힌 감자 사이사이에 체더치즈를 잘라 넣은 뒤 전자레인지에 15초간 돌린다.

6 베이컨은 잘게 썰어 에어프라이어에 예열 없이 180도로 10분간 바싹 익힌다.

7 감자에 사워크림을 얹은 뒤 바싹 익힌 베이컨, 잘게 썬 쪽파를 뿌리고 통후추를 갈아 넣어 완성한다.

☆특별한안주☆
매콤콩나물전

난이도 ★★☆☆☆

냉장고에 있는 콩나물만 쓱 꺼내 만들 수 있는 간단한 매콤콩나물전이랍니다.
갑자기 손님이 찾아오거나 야식이 땡길 때 등 간단한 요리가 필요한 날 뚝딱 만들어보세요.

만|드|는|법

재료

□ 콩나물 150g
□ 다진 청양고추 1T
□ 다진 마늘 0.5T
□ 부침가루 2T
□ 물 2T

□ 맛소금 0.3T

1 깨끗이 씻은 콩나물을 볼에 담아
　 한두 번 정도 가위로 자른다.

2 콩나물을 담은 볼에 부침가루, 다진 청양고추, 다진 마늘,
　 맛소금, 물을 넣고 버무린다.

3 팬에 기름을 두르고 반죽을 올린 뒤
　 노릇하게 익혀 완성한다.

삼색전

노릇한 전이 생각나는 날, 그런데 부추전도 먹고 싶고, 김치전도 먹고 싶고, 감자전도 먹고 싶다고요?
이것저것 먹고 싶지만 다 먹을 자신은 없을 때, 이 아이디어를 활용해보세요.
맛도 맛이지만, 참신하고 예뻐서 자꾸만 자랑하고 싶어진답니다.

만|드|는|법

재료

부추전

☐ 부추 1컵(110g)

☐ 보리새우 1T

☐ 부침가루 2T

☐ 물 4T

감자전

☐ 감자채 1컵(110g)

☐ 베트남고춧가루 약간

☐ 부침가루 2T

☐ 물 4T

김치전

☐ 김치 1컵(110g)

☐ 부침가루 2T

☐ 물 4T

TIP

• 부추, 감자, 김치는 먹기 좋게 썰고,
종이컵 기준 1컵에 담기는 양으로
준비합니다.

• 베트남고춧가루는 두 꼬집 정도 넣고,
취향에 따라 더 넣거나 덜 넣어
맵기를 조절합니다. 이는 잘게 다진
청양고추로도 대체할 수 있으며,
맵기의 차이가 있을 수 있습니다.

1 부추전, 감자전, 김치전 재료를 각각 섞어 반죽을 준비한다.

2 팬에 기름을 두른 뒤 나무젓가락으로 삼등분해 준비한다.

3 나뉜 부분에 각 반죽을 올린다.

4 나무젓가락을 빼고 반죽을 연결한 뒤 노릇하게 익을 때까지 뒤집어가며 부친다.

편육전

쫄깃하고 고소한 편육에 계란물을 입혀 단백한 맛을 추가한 편육전이에요.
게다가 편육은 고소하지만 기름이 많아 살짝 물릴 수 있는데,
매콤한 베트남고춧가루가 킥 역할을 해주니 끝도 없이 손이 간답니다.

만|드|는|법

재료

☐ 편육 250g
☐ 부침가루 5T

부침용 계란물

☐ 계란 3개
☐ 다진 대파 1T
☐ 베트남고춧가루 약간
☐ 맛소금 약간
☐ 후추 약간

TIP

• 베트남고춧가루는 두 꼬집 정도 넣고,
  취향에 따라 더 넣거나 덜 넣어
  맵기를 조절합니다.
• 맛소금은 두 꼬집,
  후추는 한 꼬집 정도 넣습니다.

1 볼에 계란, 다진 대파, 베트남고춧가루, 맛소금, 후추를 넣고 섞어
  부침용 계란물을 만든다.

2 편육에 **1**에서 만들어둔 계란물을 묻힌다.

3 계란물을 묻힌 편육에 부침가루를 묻힌다.

4 부침가루까지 묻힌 편육에 **1**에서 만들어둔 계란물을 한 번 더 묻힌다.

5 팬에 기름을 두른 뒤 노릇하게 익혀 완성한다.

편육무침

차가운 편육의 오독오독한 식감은 참 매력적이에요. 편육무침은 야채와 함께 개운하게 버무려내, 아삭하면서도 오독한 식감, 매콤달콤한 양념이 입맛을 돋운답니다.

만|드|는|법

재료

- □ 편육 200g
- □ 양파 1/2개
- □ 오이 1/2개
- □ 당근 1/3개
- □ 깨 약간

무침용 양념장

- □ 다진 마늘 1T
- □ 매실청 1T
- □ 식초 2T
- □ 맛술 1T
- □ 고춧가루 3T
- □ 맛소금 0.3T
- □ 설탕 1T
- □ 참기름 1T

1 편육을 채 썰어 준비한다.

2 양파, 오이, 당근도 채 썰어 준비한다.

3 다진 마늘, 매실청, 식초, 맛술, 고춧가루, 맛소금, 설탕, 참기름을 넣고
무침용 양념장을 만든다.

4 볼에 썰어둔 편육과 야채를 담는다.

5 **3**의 무침용 양념장을 넣고 가볍게 무친 뒤 깨를 뿌려 완성한다.

PART 3

로제제육

난이도 ★★★☆☆

매콤한 제육볶음과 고소하고 담백한 우유가 만나 탄생한 로제제육, 안주로 손색없을 뿐만 아니라
반찬으로도 안성맞춤이랍니다. 익숙한 맛에 새로움을 더한 로제제육에 도전해보세요!

만|드|는|법

재료

- ☐ 삼겹살 200g
- ☐ 양파 1/4개
- ☐ 대파(초록색 잎) 1/3대
- ☐ 다진 마늘 1T
- ☐ 우유 100mL
- ☐ 체더치즈 1장
- ☐ 깨 약간

- ☐ 간장 0.5T
- ☐ 맛술 1T
- ☐ 굴소스 0.5T
- ☐ 고추장 0.5T
- ☐ 고춧가루 1T
- ☐ 설탕 0.5T
- ☐ 통후추 약간

1 삼겹살에 다진 마늘, 간장, 맛술, 굴소스, 고추장, 고춧가루, 설탕을 넣고 버무린다.

2 양파는 채 썰고 대파는 어슷썰기를 해 준비한다.

3 팬에 기름을 두른 뒤 **1**의 양념해둔 삼겹살을 볶는다.

4 삼겹살의 핏기가 없어지면 우유와 양파를 넣고 끓인다.

5 양파가 거의 다 익으면 체더치즈와 대파, 통후추를 갈아 넣고 치즈가 녹을 때까지 끓인 뒤 깨를 뿌려 완성한다.

계란감바스

난이도 ★★☆☆☆

빵과 함께 곁들이면 잘 어울리고, 안주로도 훌륭하지만 간단한 아침 식사로도 안성맞춤인 계란감바스예요.
사실 '감바스 알 아히요'는 새우와 마늘이라는 뜻이라 '계란 알 아히요'라고 불러야 하지만
우리에게는 감바스라는 이름이 더 친숙해 계란감바스라고 이름을 붙였답니다.

만|드|는|법

재료

□ 계란 4개
□ 베이컨 2줄(40g)
□ 마늘 15톨

□ 올리브오일 180mL
□ 맛소금 0.3T
□ 베트남고춧가루 약간
□ 통후추 약간

TIP

• 베트남고춧가루는 두 꼬집 정도 넣고,
  취향에 따라 더 넣거나 덜 넣어
  맵기를 조절합니다.

1 베이컨은 잘게 썰고 마늘은 으깬 뒤 다져 준비한다.

2 팬에 올리브오일을 넣고 베이컨과 마늘, 맛소금, 베트남고춧가루를 넣은 뒤
      중약불로 끓이듯 볶는다.

3 마늘이 노릇해지면 계란을 깨서 넣는다.

4 계란이 익으면 통후추를 갈아 넣어 완성한다.

버터명란떡볶이

난이도 ★★☆☆☆

버터의 풍미와 명란의 짭조름함, 말랑 쫄깃한 조랭이떡의 조화는 꽤 훌륭합니다.
익은 명란의 쫀득한 식감이 매력적이며, 풍부한 감칠맛이 돋보이는 요리랍니다.

만|드|는|법

재료

☐ 명란젓 1~2개(100g)
☐ 조랭이떡 300g
☐ 계란 1개
☐ 다진 대파 5T
☐ 다진 마늘 1T
☐ 물 100mL

☐ 버터 100g
☐ 맛술 3T
☐ 베트남고춧가루 0.3T
☐ 통후추 약간

TIP

• 명란젓은 크기가 천차만별이므로
  약 100g에 맞춰 1개 또는 2개 사이로
  준비합니다.

1 팬에 버터를 넣고 충분히 녹인다.

2 녹인 버터에 다진 대파, 다진 마늘을 넣고 중약불에 볶는다.

3 마늘이 노릇해지면 조랭이떡을 넣고 떡이 쫄깃해질 때까지 볶는다.

4 명란젓은 껍질과 알을 분리하여 알만 준비한다.

5 손질한 명란젓과 물, 맛술, 베트남고춧가루를 넣고 끓인다.

6 접시에 담은 뒤 통후추를 갈아 넣고 계란 노른자를 올려 완성한다.

깍두기찌개

김치찌개, 된장찌개, 부대찌개 등 다양한 찌개가 있지만, 깍두기찌개는 처음 들어볼 거예요.
아는 사람만 아는 비밀 레시피, 깍두기 덕분에 무의 시원함까지 더해진 깍두기찌개를 함께 만들어보아요!

만|드|는|법

'고기 핏물 제거하기'
17쪽 참고

재료

☐ 깍두기 150g
☐ 깍두기 국물 2T
☐ 찌개용 돼지고기(뒷다리살) 150g
☐ 두부 1/5모(100g)
☐ 청양고추 1개
☐ 대파 1/2대
☐ 다진 마늘 0.5T
☐ 물 350mL

☐ 멸치액젓 0.5T
☐ 고춧가루 1T
☐ 설탕 0.5T
☐ 소고기다시다 0.5T

TIP

• 깍두기가 너무 크다면 잘게 썰어
  사용해도 됩니다.
• 작은 두부(약 300g)라면
  1/3모를 사용합니다.

1 냄비에 기름을 두른 뒤 깍두기와 설탕을 넣고 볶는다.
2 핏물을 제거한 찌개용 돼지고기와 고춧가루도 함께 넣고 볶는다.
3 물, 깍두기 국물, 다진 마늘, 멸치액젓, 소고기다시다를 넣고 끓인다.
4 빨갛게 기름이 뜨면 두부와 어슷썰기한 대파, 청양고추를 넣는다.
5 한소끔 끓여 완성한다.

카레순두부찌개

안주로도 단연 1등인 순두부찌개! 하지만 평범한 순두부찌개는 이제 지겨우니
향긋한 카레를 더해 특별하게 만들어낸 카레순두부찌개에 도전해보세요.
보들보들한 순두부와 진한 카레가 만나, 익숙하면서도 새로운 요리를 만나볼 수 있답니다.

만|드|는|법

재료

- ☐ 순두부 1봉(350g)
- ☐ 스팸 작은 캔 1개(200g)
- ☐ 칵테일새우 8마리(70g)
- ☐ 계란 1개
- ☐ 양파 1/2개
- ☐ 대파 1/2대
- ☐ 다진 마늘 1T
- ☐ 카레가루 2T
- ☐ 물 350mL
- ☐ 쪽파 약간

- ☐ 고춧가루 1T
- ☐ 소고기다시다 0.5T
- ☐ 후추 0.3T

TIP

- 스팸은 일회용 비닐봉지에 넣고 으깨면 손쉽게 으깰 수 있어요.

1 스팸은 으깨고, 대파와 양파는 잘게 다져서 준비한다.

2 냄비에 기름을 두른 뒤 으깬 스팸, 손질한 대파와 양파, 다진 마늘을 넣고 볶는다.

3 양파가 투명해지기 시작하면 약불로 줄이고 고춧가루를 넣고 볶는다.

4 물, 칵테일새우, 순두부, 소고기다시다, 카레가루, 후추를 넣고 끓인다.

5 계란을 깨서 넣고 한소끔 끓인 뒤 잘게 썬 쪽파를 뿌려 완성한다.

명란아보카도튀김

명란아보카도튀김은 이자카야 분위기를 낼 수 있는 안주로, 비주얼과 맛 모두 훌륭한 요리랍니다.
이미 궁합이 좋기로 유명한 아보카도와 명란에, 바삭한 빵가루를 입혀 식감의 재미까지 더했어요!

재료

☐ 명란젓 1개(60g)
☐ 아보카도 1개
☐ 계란 1개
☐ 빵가루 1컵(100g)

☐ 마요네즈 약간

TIP

• 기름의 온도가 적당한지 확인하려면
기름에 빵가루를 떨어뜨려봅니다.
빵가루가 1~2초 후에 떠오르면
적당한 온도이고, 떨어뜨리자마자
떠오르면 기름의 온도가 너무 높은 거예요.
기름의 온도가 너무 높으면
안쪽은 익지 않은 채 겉면만 타거나
튀김색이 금방 어두워질 수 있습니다.
반대로 빵가루가 너무 천천히 떠오르면
아직 온도가 낮은 것이니 온도가
더 오를 때까지 기다렸다가
조리하는 것이 좋습니다.

① ② ③ ④ ⑤ ⑥

'튀김 조리하기'
16쪽 참고

1 아보카도를 반으로 썰고 씨는 뺀다.

2 명란젓은 껍질과 알을 분리하여 알만 준비한다.

3 껍질까지 벗긴 아보카도에 알만 분리한 명란젓을 채운다.

4 명란젓을 채운 아보카도에 계란물과 빵가루를 순서대로 묻힌다.

5 냄비에 아보카도가 잠길 정도의 기름을 넣고, 중강불에 가열하다가
적당한 온도가 되면 중약불로 줄인 뒤 아보카도를 노릇하게 튀긴다.

6 아보카도를 한 번 더 반으로 썰어주고 마요네즈와 함께 세팅해 완성한다.

 **PART 04**

특별한
해 장

토마토계란해장죽

부드러운 계란과 게살에, 감칠맛과 숙취 해소 효과가 뛰어난 토마토까지!
토마토계란해장죽은 냄비 하나로 뚝딱 만들 수 있는 간단한 요리지만, 맛은 결코 간단하지 않답니다. 정말 맛있어요.

만|드|는|법

재료

☐ 토마토 1개
☐ 계란 1개
☐ 크래미 3개(50g)
☐ 밥 1공기(210g)
☐ 물 400mL

☐ 치킨스톡 0.7T
☐ 참기름 약간

1 토마토를 잘게 다져서 준비한다.

2 냄비에 기름을 두른 뒤 다진 토마토를 볶는다.

3 냄비에 물, 밥, 치킨스톡을 넣은 뒤 크래미를 부드럽게 찢어서 넣고 끓인다.

4 밥이 부드럽게 풀리면 계란을 깨서 넣는다.

5 살살 저으며 계란이 익을 때까지 끓인다.

6 그릇에 담고 참기름을 둘러 완성한다.

닭가슴살들깨죽

난이도 ★★☆☆☆

속이 불편할 땐 죽만 한 게 없죠. 숙취 해소에 도움이 되는 들깨와 기름지지 않은 닭가슴살을 넣어, 담백하면서도 감칠맛이 풍부한 닭가슴살들깨죽이랍니다.

만│드│는│법

재료

- ☐ 삶은 닭가슴살 100g
- ☐ 밥 1공기(210g)
- ☐ 양파 1/4개
- ☐ 물 600mL

- ☐ 들깨가루 2T
- ☐ 치킨스톡 1T
- ☐ 참기름 약간

TIP

- 닭가슴살은 냄비 바닥에 살짝
  눌어붙을 때까지 볶아 마이야르 반응을
  일으켜, 눌어붙은 부분을 긁어내
  함께 끓이면 훨씬 풍미가 좋아지고
  감칠맛이 살아납니다.

1 양파는 잘게 다지고, 삶은 닭가슴살은 찢어서 준비한다.

2 냄비에 기름을 두른 뒤 양파와 닭가슴살을 넣고,
냄비 바닥에 노릇하게 눌어붙을 때까지 볶는다.

3 물, 치킨스톡, 밥을 넣고 눌어붙은 것을 긁어내듯 저으며 5분간 끓인다.

4 들깨가루를 넣고 한소끔 끓으면 불을 끈다.

5 그릇에 담고 참기름을 둘러 완성한다.

콩나물김치죽

아스파라긴산이 풍부한 콩나물이 알코올 해독을 돕고, 칼칼한 김치가 입맛을 돋우면서도
속을 부드럽게 감싸주는 콩나물김치죽이랍니다. 죽은 부드러운 식감으로 위장을 자극하지 않고,
속도 따뜻하게 달래주어 해장에 최고예요.

😊 **만|드|는|법**

재료

- ☐ 김치 100g
- ☐ 콩나물 100g
- ☐ 밥 1공기(210g)
- ☐ 물 600mL

- ☐ 참치액젓 2T
- ☐ 설탕 1T
- ☐ 참기름 1T

1 김치를 잘게 썰어 준비한다.

2 냄비에 참기름, 설탕, 썰어둔 김치를 넣고 볶는다.

3 물, 참치액젓, 밥을 넣고 6분간 끓인다.

4 콩나물을 넣고 3분간 끓여 완성한다.

 특별한해장

참치미역죽

제 단골 해장 레시피 참치미역죽을 소개합니다. 미역국에 밥 말아 먹는 것을 좋아한다면
죽으로도 만들어 먹어보길 추천해요. 맛은 물론, 국보다 몸을 더 따뜻하게 해주고 속도 편안해진답니다.

 만|드|는|법

재료

- ☐ 미역 10g
- ☐ 참치 작은 캔 1개(85g)
- ☐ 밥 1공기(210g)
- ☐ 다진 마늘 0.5T
- ☐ 물 900mL

- ☐ 국간장 1T
- ☐ 소고기다시다 0.3T
- ☐ 참기름 2T

1 미역을 따뜻한 물에 10분간 불린다.

2 냄비에 참기름을 두른 뒤 불린 미역, 다진 마늘, 국간장을 넣고 볶는다.

3 물, 소고기다시다를 넣은 뒤 바글바글 끓으면
중약불로 줄이고 30분간 더 끓인다.

4 밥, 참치, 다진 마늘을 넣고 밥이 부드러워질 때까지 끓여 완성한다.

오이냉국수

해장에 뜨끈한 국물 대신, 차갑고 시원한 국물이 당기는 날도 있죠.
불타오르는 속을 달래줄 초간단 오이냉국수는 어떨까요?
아삭하고 시원한 오이와 허기를 달래주는 국수로 완벽하게 해장을 해보세요.

만|드|는|법

재료

□ 오이 1개
□ 소면 100g
□ 냉수 500mL
□ 얼음 5개

□ 국간장 4T
□ 매실청 5T
□ 식초 5T
□ 깨 1T

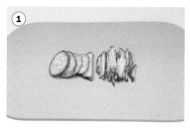

1 오이를 채 썰어 준비한다.

2 냉수에 국간장, 매실청, 식초, 깨를 넣고 채 썬 오이도 넣어 냉국을 만든다.

3 끓는 물에 소면을 넣고, 물이 조금 더 끓어오르면 찬물을 붓는다.

4 **3**을 세 번 정도 반복하면서 총 4분 30초가량 삶은 뒤
소면을 건져 찬물에 헹군다.

5 만들어둔 냉국에 소면을 넣은 뒤 얼음을 띄워 완성한다.

간|단 레시피

◎ 바로 먹는 오이무침

오이 1개를 한입 크기로 썰고, 볼에 썰어둔 오이, 다진 마늘 0.5T, 매실청 2T,
참치액젓 0.5T, 고춧가루 1T, 맛소금 0.3T, 참기름 1.5T을 넣고 버무려 완성한다.

TIP. 오이를 절이지 않는 요리는 아삭아삭하고 상쾌한 맛이 나는 것이 특징이라 바로 만들어 먹어야 맛있어요.
시간이 지나면 물이 생겨 약간 싱거워질 수 있으니 바로 무쳐 먹는 것을 추천합니다.

콩나물냉국밥

난이도 ★★☆☆☆

숙취 해소의 대표 주자 콩나물국밥, 차갑게 식혀 먹어도 정말 맛있는데요.
콩나물과 무 덕분에 시원해진 냉국물에 식은 밥을 말아 먹으면 숙취로 답답했던 속이 뻥 뚫린답니다.

 **만|드|는|법**

재료

☐ 콩나물 100g
☐ 무 100g
☐ 밥 1공기(210g)
☐ 물 400mL

☐ 천일염 0.5T

TIP

• 천일염은 일반 소금으로 대체할 수 있습니다.
• 냉장고에서 콩나물냉국밥을 식힐 때는
  한 김 식힌 후 넣습니다.

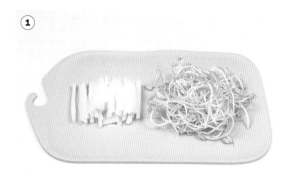

1 콩나물은 깨끗이 씻고, 무는 채 썰어 준비한다.

2 냄비에 물, 콩나물, 썰어둔 무를 넣고 팔팔 끓인다.

3 천일염으로 간을 맞춘 뒤 차갑게 식히고,
  식은 밥에 만들어둔 콩나물냉국을 부어 완성한다.

헛개명란오차즈케

난이도 ★★☆☆☆

헛개와 명란이 만난 오차즈케는 담백하면서도 풍부한 맛이 특징이에요.
명란의 짭조름함이 입맛을 돋우고, 시원함과 미지근함의 중간 어딘가에 있는 온도가 참 매력적인 요리랍니다.
헛개수는 특히 수분을 효과적으로 채워주어 숙취 해소에 아주 탁월합니다.

 **만│드│는│법**

재료

- □ 명란젓 2개(120g)
- □ 밥 1공기(210g)
- □ 헛개수 300mL
- □ 쪽파 약간

- □ 버터 20g
- □ 참치액젓 0.5T

1 팬에 버터를 녹인 뒤 명란젓을 가장 약불에 10분간 속까지 잘 익힌다.

2 차가운 헛개수에 참치액젓을 넣고 섞는다.

3 그릇에 밥을 담고 **1**의 버터에 구운 명란젓을 먹기 좋게 썰어 올린다.

4 **2**의 참치액젓을 섞은 헛개수를 부어주고 쪽파를 뿌려 완성한다.

 간 단 레시피

◎ 버터명란구이

팬에 버터 10g을 녹인 뒤 명란젓 2개를 가장 약불에 10분간 속까지 잘 익힌다.
접시에 오이 1개를 얇게 썰고, 명란은 한 김 식힌 뒤 얇게 썰어 오이 위에 올린다.
통후추를 갈아 넣고 마요네즈와 함께 세팅해 완성한다.

창구아

난이도 ★★☆☆☆

'창구아'라는 요리를 아시나요? 고소하고 따뜻한 우유에 푹 적신 바게트와 계란이
잘 어울리는 콜롬비아 요리인데요. 단백질이 풍부한 건강식이자,
속과 마음이 모두 편안해지는 힐링 요리랍니다. 숙취 해소에도 좋고, 아침 식사로도 추천해요.

재료

☐ 우유 500mL
☐ 계란 3개
☐ 바게트 80g
☐ 대파 1/3대

☐ 소금 0.3T

TIP

• 계란은 반숙으로 조리하되 취향에 따라
  익힘의 정도를 조절합니다.
• 바게트는 먹고 싶은 만큼
  자유롭게 준비합니다.
• 요리 완성 후에는 계란을 터뜨려 비비지
  말고, 숟가락으로 그냥 떠먹으면 됩니다.

1   냄비에 우유와 다진 대파, 소금을 넣고 끓인다.

2   우유가 끓으면 계란이 터지지 않도록 조심히 깨서 넣는다.

3   바게트를 먹기 좋은 크기로 뜯는다.

4   **2**의 계란을 넣고 끓인 우유를 부어 완성한다.

순두부인헬

난이도 ★★☆☆☆

속을 달래줄 보들보들 순두부와 숙취 해소 효과가 뛰어난 토마토의 만남, 순두부인헬이랍니다.
원팬으로 볶고 끓이기만 하면 되는 간단한 요리지만, 꽤나 근사한 느낌까지 들어
나만을 위한 해장 요리로 안성맞춤이에요.

만|드|는|법

재료

□ 순두부 1봉(350g)
□ 비엔나소시지 5개(40g)
□ 양파 1/2개
□ 다진 마늘 1T

□ 파스타용 토마토소스 350mL
□ 베트남고춧가루 0.3T
□ 치킨스톡 0.5T
□ 통후추 약간

1. 양파와 비엔나소시지를 작은 크기로 썰어 준비한다.
2. 팬에 기름을 두른 뒤 다진 마늘을 넣고 중약불에 1분간 볶는다.
3. 양파, 비엔나소시지, 베트남고춧가루를 넣고 볶는다.
4. 파스타용 토마토소스와 순두부, 치킨스톡을 넣고 끓인다.
5. 통후추를 갈아 넣어 완성한다.

말발굽김치찌개

난이도 ★★☆☆☆

큼직한 말발굽 모양의 킬바사소시지를 넣어 색다른 비주얼이 돋보이는 김치찌개예요.
칼칼한 맛이 일품인 말발굽김치찌개는 흰쌀밥과 함께 먹으면 특히 맛있고,
해장과 더불어 든든한 한 끼 완성이랍니다.

만|드|는|법

재료

☐ 킬바사소시지 270g
☐ 김치 200g
☐ 양파 1/2개
☐ 대파 1/3대
☐ 다진 마늘 0.5T
☐ 물 500mL

☐ 간장 1T
☐ 된장 0.5T
☐ 고추장 0.5T
☐ 설탕 0.5T
☐ 소고기다시다 0.3T

TIP

• 킬바사소시지는 독특한 비주얼을 위해
  선택한 재료이니 다른 소시지로도
  얼마든지 대체할 수 있습니다.

1 킬바사소시지에 칼집을 내 준비한다.
2 냄비에 기름을 두른 뒤 김치, 설탕을 넣고 볶는다.
3 간장, 된장, 고추장을 넣고 마저 볶는다.
4 물, 소시지, 채 썬 양파, 다진 마늘, 소고기다시다를 넣고 바글바글 끓인다.
5 썰어둔 대파를 넣고 한소끔 끓여 완성한다.

토마토주스라면

새콤달콤하고 숙취 해소에도 탁월한 토마토주스와 매콤한 라면이 만난 토마토주스라면!
어떤 맛일지 상상하기 어렵겠지만, 그냥 한번 믿고 만들어보세요.
걸쭉한 토마토, 향긋한 바질, 매콤한 라면의 조합이 의외로 정말 잘 어울린답니다.

만|드|는|법

재료

- □ 매콤한 라면 1개
- □ 토마토주스 400mL
- □ 물 150mL
- □ 생바질 약간

TIP

• 토마토주스라면은 신라면처럼
  매운 라면이 잘 어울려요.

1 냄비에 토마토주스와 물을 넣고 끓인다.

2 라면을 뜯어 **1**에 건더기수프, 분말수프, 면까지
   모두 넣고 끓인다.

3 면이 익으면 접시에 담고, 생바질 올려 완성한다.

☆특별한해장☆
초간단쌀국수

해장할 때 쌀국수를 찾는 분들이 제법 있죠. 뜨끈한 국물에 아삭아삭한 숙주와 고기까지,
숙취 해소에 완벽한 요리이지요. 그런데 한 그릇 가격이 꽤 부담스러워진 요즘, 이렇게 간단하게만 끓여도
쌀국수 전문점 못지않으니 이젠 직접 만들어보세요!

만|드|는|법

재료

- ☐ 쌀국수면 100g
- ☐ 우삼겹 100g
- ☐ 양파 1/2개
- ☐ 숙주 50g
- ☐ 물 600mL
- ☐ 쪽파 약간

- ☐ 간장 1.5T
- ☐ 참치액젓 1.5T
- ☐ 베트남고춧가루 약간

TIP

· 베트남고춧가루는 두 꼬집 정도 넣고,
  취향에 따라 더 넣거나 덜 넣어
  맵기를 조절합니다.

①  ②

③  ④

⑤

1 쌀국수면은 물에 30분간 불려 준비한다.

2 양파는 채 썰어 준비한다.

3 냄비에 물, 채 썬 양파, 간장, 참치액젓을 넣고 끓인다.

4 물이 끓으면 우삼겹을 넣고 끓인다.

5 불려둔 면과 숙주, 베트남고춧가루를 넣고 2분간 끓인 뒤
    쪽파를 쫑쫑 썰어 넣어 완성한다.

 ◎ 우삼겹숙주찜

냄비에 숙주 150g을 넣고, 우삼겹 150g을 올려준다. 맛술 1T, 참치액젓 0.5T, 맛소금 0.3T,
후추 0.3T을 넣고 뚜껑을 닫은 뒤 중약불에 6분간 끓여 완성한다.

141

시래기짬뽕

신나게 즐긴 다음 날 짬뽕이 간절하게 생각날 때가 있는데요. 짬뽕에 시래기가 들어간 건
조금 생소할 수 있지만, 얼큰하고 진한 국물을 머금은 시래기가 진국이니 한번 도전해보세요.
아주 시원하게 숙취를 날려버릴 수 있을 거예요.

만|드|는|법

재료

- □ 삶은 시래기 50g
- □ 우삼겹 100g
- □ 냉동 중화면 250g
- □ 양파 1/2개
- □ 대파 1/2대
- □ 다진 마늘 1T
- □ 물 600mL

- □ 간장 1T
- □ 치킨스톡 1.5T
- □ 굴소스 1.5T
- □ 고춧가루 2T
- □ 맛소금 0.3T
- □ 후추 0.3T
- □ 미원 약간

TIP

- 중화면이 없다면 선호하는 다른 면으로 대체할 수 있습니다.
- 미원은 한두 꼬집 정도 넣으면 간단하게 감칠맛을 좀 더 살릴 수 있습니다.

1 양파와 대파를 썰어 준비한다.

2 팬에 기름을 두른 뒤 썰어둔 양파와 대파를 넣고 볶는다.

3 우삼겹, 다진 마늘, 간장, 고춧가루를 넣고 볶는다.

4 물, 삶은 시래기, 치킨스톡, 굴소스, 맛소금, 후추, 미원을 넣고 끓인다.

5 냉동 중화면을 끓는 물에 넣고 약 1분간 끓여 면이 풀어지면 건진다.

6 삶은 중화면을 그릇에 담고 **4**의 국물을 부어 완성한다.

해장파스타

난이도 ★★★☆☆

숙취 해소에 좋은 토마토소스 베이스에 얼큰한 맛 한 스푼을 더한 해장파스타예요.
토마토와 고추장 조합이 약간 생소하게 느껴질 수 있지만 한번 맛보면 얼큰한 맛과 감칠맛,
해산물의 시원함까지 더해진 국물 파스타의 매력에 무조건 빠지게 된답니다.

재료

- □ 파스타면 80g
- □ 동죽 10개(150g)
- □ 칵테일새우 10마리(90g)
- □ 마늘 5톨
- □ 물 100mL

- □ 파스타용 토마토소스 200mL
- □ 고추장 1T
- □ 맛술 2T
- □ 베트남고춧가루 0.3T
- □ 소금 0.7T

TIP

- 동죽은 조리하기 전에 반드시
  해감해야 합니다. 별도의 그릇에
  물 1L를 넣고, 소금 1T을 넣어 녹인 뒤
  동죽을 담급니다. 검정 비닐을 씌워
  빛을 차단한 뒤 1시간 동안
  냉장 보관을 하면 모래와
  이물질을 뱉어내 해감이 됩니다.
- 파스타면을 삶을 때는 물 약 1L에
  소금 0.7T(10g) 정도 넣습니다.

'조개 해감하기' 17쪽 참고

1. 마늘을 으깬 뒤 다져 준비한다.
2. 팬에 기름을 두른 뒤 마늘, 베트남고춧가루를 넣고 볶는다.
3. 손질된 칵테일새우와 해감된 동죽, 맛술을 넣고 볶는다.
4. 물(100mL)을 넣고 조개 육수가 우러나도록 끓인다.
5. 끓는 물에 소금과 파스타면을 넣고 5분간 삶는다.
6. **4**의 육수에 파스타용 토마토소스, 고추장을 넣고 풀어준 뒤
   삶아둔 파스타면을 넣고 2분간 끓여 완성한다.

시금치감자수프

난이도 ★★★☆☆

영양이 풍부한 시금치와 감자에 우유와 생크림을 더해 탄생한 부드러운 시금치감자수프입니다.
포만감을 줄 뿐만 아니라, 쓰린 속을 따뜻하고 부드럽게 달래주어 위로받는 기분까지 든답니다.

 만|드|는|법

재료

☐ 시금치 90g
☐ 감자 1개
☐ 양파 1/2개
☐ 물 300mL
☐ 우유 150mL
☐ 생크림 100mL

☐ 치킨스톡 0.5T
☐ 소금 0.3T
☐ 후추 약간

TIP

• 블렌더 대신 믹서를 사용할 수 있지만,
  믹서를 사용한다면 반드시 끓인 재료를
  완전히 식힌 후 갈아야 합니다.
  갈고 나서 잠시간 다시 끓여주면
  따뜻하게 먹을 수 있습니다.

1 감자와 양파를 작게 썰어 준비한다.

2 냄비에 기름을 두른 뒤 썰어둔 양파를 넣어 갈색빛을 띨 때까지 볶는다.

3 썰어둔 감자, 물, 치킨스톡을 넣는다.

4 뚜껑을 닫고 10분간 끓인다.

5 감자가 익으면 시금치, 우유, 생크림을 넣은 뒤 뚜껑을 닫고 3분간 더 끓인다.

6 블렌더로 끓인 재료를 곱게 간다.

7 소금과 후추로 간을 해 완성한다.

PART 05

특별한
반 찬

토마토겉절이

토마토로 만든 겉절이, 맛을 상상하기 어렵다고요?
아삭하고 달콤한 토마토와 단짠단짠 양념이 만나 개운하면서도 중독성 강한 요리가 탄생되었답니다.
반찬으로 먹기에도 좋고, 샐러드처럼 단독으로 먹을 수도 있어요.

 만 | 드 | 는 | 법

재료

☐ 토마토 2개
☐ 양파 1/2개
☐ 부추 50g
☐ 깨 약간

무침 양념장

☐ 다진 마늘 1T
☐ 참치액젓 1T
☐ 매실청 1T
☐ 고춧가루 1.5T
☐ 맛소금 약간

TIP

• 맛소금은 한 꼬집 정도 넣습니다.

1 토마토와 부추, 양파를 썰어 준비한다.

2 볼에 썰어둔 재료를 모두 넣은 뒤 다진 마늘, 참치액젓, 매실청, 고춧가루, 맛소금을 넣고 버무린다.

3 그릇에 담고 깨를 뿌려 완성한다.

고구마깍두기

고구마의 변신은 어디까지인가, 달콤한 맛과 아삭한 식감을 지닌 고구마로
이색적인 고구마깍두기를 만들어보세요. 단짠단짠 자꾸만 손이 가는 별미 반찬이랍니다.

만|드|는|법

재료

☐ 고구마 3개

☐ 소금 1T
☐ 깨 약간

버무림 양념장

☐ 다진 마늘 0.5T
☐ 쪽파 약간
☐ 매실청 0.5T
☐ 참치액젓 2T
☐ 고춧가루 2T
☐ 맛소금 0.3T
☐ 설탕 0.5T

TIP

• 여기서 사용한 고구마 3개는 총
약 400g입니다. 고구마는 제품마다
크기가 천차만별이니 참고해
재료를 준비합니다.

1 고구마를 깨끗이 씻고 껍질 채 깍둑썰기를 해 준비한다.
2 고구마가 잠길 정도로 물을 붓고 소금(1T)을 넣어 10분간 절인다.
3 고구마를 건져 다진 마늘, 쫑쫑 썬 쪽파, 매실청, 참치액젓, 고춧가루,
   맛소금(0.3T), 설탕을 넣고 함께 버무린다.
4 깨를 뿌려 완성한다.

PART 5

불닭멸치볶음

난이도 ★★☆☆☆

한국인이 사랑하는 반찬 멸치볶음에, 역시나 한국인이 사랑하는 불닭소스를 더해
탄생한 불닭멸치볶음입니다. 매콤달콤하면서도 짭조름한 맛이 입맛을 살려,
신흥 밥도둑으로 떠오르고 있는 색다른 반찬이랍니다.

 만|드|는|법

재료

☐ 볶음용 잔멸치 100g
☐ 청양고추 1개
☐ 다진 마늘 0.5T

☐ 매실청 2T
☐ 맛술 1T
☐ 물엿 3T
☐ 불닭소스 1.5T
☐ 마요네즈 1T
☐ 깨 약간

1 볶음용 잔멸치를 마른 팬에 덖어주며 수분을 날려준다.
2 팬에 기름을 두른 뒤 다진 마늘을 넣고 볶다가 멸치와 맛술을 넣어 함께 볶는다.
3 불닭소스와 매실청을 넣고 마저 볶는다.
4 청양고추를 다져 넣은 뒤 물엿을 넣고 함께 볶는다.
5 불을 끄고 마요네즈를 넣어 버무린 뒤 깨를 뿌려 완성한다.

☆특별한반찬☆ 매콤명란찜

난이도 ★☆☆☆☆

매콤한 양념과 명란의 풍미가 조화로운 매콤명란찜은 따뜻한 흰밥에 비벼 먹으면
밥도둑이 따로 없답니다. 전자레인지로 간편하게 뚝딱 요리할 수 있어,
바쁠 때 먹기에도 좋은 최고의 반찬이에요.

156

 **만|드|는|법**

재료

- ☐ 명란젓 2~3개(150g)
- ☐ 청양고추 1개
- ☐ 다진 마늘 1T

- ☐ 고춧가루 1T
- ☐ 참기름 5T

1 명란젓을 접시에 담고 가위로 잘게 자른다.

2 다진 마늘, 고춧가루, 다진 청양고추, 참기름을 넣고 섞는다.

3 랩을 씌우고 전자레인지에 4분간 돌려 완성한다.

PART 5

아보카도장

언뜻 보면 어울리지 않을 것 같은 간장과 아보카도의 조합이지만,
아보카도의 크리미한 질감과 묵직한 맛이 짭조름하게 절여지면 꽤 근사한 맛을 만들어내요.
밥과 함께 건강하게 즐길 수 있는 반찬이니 꼭 만들어보세요.

만|드|는|법

재료

□ 아보카도 2개
□ 양파 1/2개
□ 대파(하얀색 줄기) 1/3대
□ 물 180mL

□ 간장 1/2컵
□ 설탕 1/2컵
□ 베트남고춧가루 1T

TIP

• 간장 1/2컵은 종이컵 기준 계량이며,
  약 90mL입니다.
• 설탕 1/2컵은 종이컵 기준 계량이며,
  약 70g입니다.

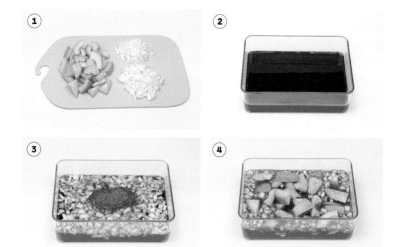

1 껍질과 씨를 제거한 아보카도는 먹기 좋은 크기로 썰고,
   양파와 대파는 잘게 다져서 준비한다.

2 물, 간장, 설탕을 넣고 섞는다.

3 다져둔 양파와 대파, 베트남고춧가루를 넣고 섞는다.

4 아보카도를 넣고 냉장고에서 12시간 이상 숙성시켜 완성한다.

아보카도쌈장

아보카도의 크리미함과 쌈장의 깊은 맛이 어우러진 아보카도쌈장은 염도가 낮아 건강하게 즐길 수 있어요.
더 건강하지만 더욱 맛있게 고기나 채소와 함께 즐겨보세요.

만|드|는|법

재료

- 아보카도 1개
- 청양고추 1개
- 대파 1/3대
- 다진 마늘 1T

- 고추장 3T
- 된장 4T
- 참기름 1T
- 깨 약간

1. 껍질과 씨를 제거한 아보카도를 으깬다.
2. 으깬 아보카도에 청양고추, 대파를 다져 넣은 뒤 다진 마늘, 고추장, 된장, 참기름을 넣는다.
3. 잘 섞은 뒤 깨를 뿌려 완성한다.

카레메추리알

노릇하게 구워 미끄덩하지 않고 쫄깃쫄깃한 식감으로 변한 메추리알에
맛있는 카레소스를 더한 카레메추리알이랍니다. 메추리알로도 이런 식감을 낼 수 있었다니!
왜 여태 몰랐지, 하며 깜짝 놀랄 거예요!

😊 만|드|는|법

재료

☐ 삶은 메추리알 200g
☐ 양파 1/2개
☐ 카레가루 3T
☐ 물 350mL

TIP

• 이 요리의 관건은 중약불에 천천히 구워
  미끄덩하지 않고 쫄깃한 식감이 되는
  메추리알이에요. 꼭 시간을 들여
  전면이 노릇해지도록 충분히 구워주세요.

1 양파를 채 썰어 준비한다.

2 팬에 기름을 두른 뒤 메추리알을 넣고 겉면이 전체적으로 노릇해질 때까지
  중약불에 천천히 굴려가며 굽는다.

3 채 썬 양파를 넣고 함께 볶는다.

4 양파가 투명해지기 시작하면 물과 카레가루를 넣고
  양념이 걸쭉해질 때까지 한소끔 끓여 완성한다.

메추리떡볶이

떡볶이도 생각나고 밥도 먹고 싶다면 메추리떡볶이가 딱이랍니다.
특히 메추리알은 하나씩 집어 먹기 좋아 반찬으로 최고이지요.
매콤달콤한 떡볶이를 떡 사리로만 즐겨 아쉬웠다면, 메추리떡볶이에 도전해보세요.

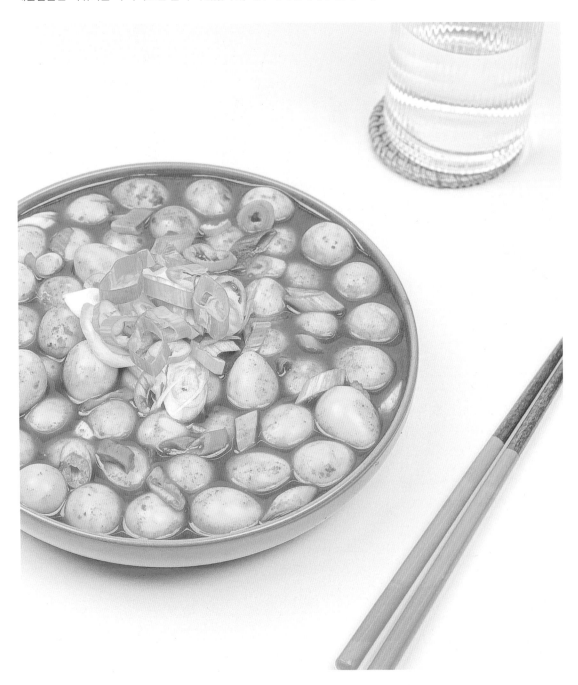

😊 만│드│는│법

재료

- ☐ 삶은 메추리알 500g
- ☐ 대파 1대
- ☐ 다진 마늘 1T
- ☐ 물 400mL

- ☐ 간장 1T
- ☐ 고추장 2T
- ☐ 고춧가루 1T
- ☐ 소고기다시다 0.5T
- ☐ 설탕 1T

①

②

③

1 냄비에 물을 넣고 간장, 고추장, 고춧가루, 소고기다시다,
    설탕, 다진 마늘을 넣고 끓인다.

2 삶은 메추리알을 넣고 5분간 졸인다.

3 어슷 썬 대파를 넣어 완성한다.

메추리알소고기볶음

난이도 ★★★☆☆

메추리알간장조림은 이제 그만! 업그레이드된 메추리알 요리 메추리알소고기볶음은
반찬으로도 훌륭하고 안주로도 인기 만점이랍니다. 쫄깃한 전분 옷에 양념이 배서
보통의 메추리알조림과는 확실히 다르지요. 자꾸만 손이 가는 메추리알소고기볶음에 도전해보세요.

PART 5

만│드│는│법

재료

□ 다진 소고기(앞다리살) 300g
□ 삶은 메추리알 500g
□ 감자전분가루 1컵(100g)
□ 쪽파 약간

□ 간장 4T
□ 맛술 2T
□ 설탕 1T
□ 베트남고춧가루 0.3T
□ 깨 약간

고기 밑간 양념

□ 다진 마늘 1T
□ 간장 2T
□ 설탕 1T
□ 참기름 1T
□ 후추 0.3T

TIP

• 다진 소고기는 취향에 따라
  다른 부위로 대체할 수 있습니다.
• 쪽파와 깨의 양은 취향에 따라
  가감할 수 있습니다.

'튀기듯 볶기/굽기'
16쪽 참고

1 다진 소고기에 '고기 밑간 양념'을 모두 넣고 버무려 미리 밑간을 한다.

2 넓은 그릇에 감자전분가루를 얇게 깔고, 메추리알을 살살 굴려가며
   감자전분가루를 묻힌다.

3 팬에 기름을 약 1cm 정도의 높이로 넉넉히 두르고,
   중약불에 메추리알을 굴려가며 노릇해질 때까지 튀기듯 볶아 따로 빼둔다.

4 팬에 기름을 두르고 1의 밑간한 소고기를 볶아 따로 빼둔다.

5 깨끗한 팬에 3의 미리 볶아둔 메추리알, 간장(4T), 맛술, 설탕, 베트남고춧가루를
   넣고 볶는다.

6 4의 미리 볶아서 빼두었던 소고기를 넣고 함께 한 번 더 볶는다.

7 쪽파와 깨를 뿌려 완성한다.

참깨두부부침

고소한 참깨와 고소한 두부가 만나 고소함의 끝판왕을 보여주는 참깨두부무침입니다.
튀김옷과는 달리 색다르면서도 재밌는 참깨 옷 식감의 두부부침을 맛보세요.
식어도 맛있어서 도시락 반찬으로도 최고랍니다.

🧑‍🍳 만|드|는|법

재료

☐ 두부 1/2모(250g)
☐ 계란 1개
☐ 참깨 200g

☐ 맛소금 약간
☐ 후추 약간

TIP

• 맛소금과 후추는 한 꼬집 정도 넣습니다.

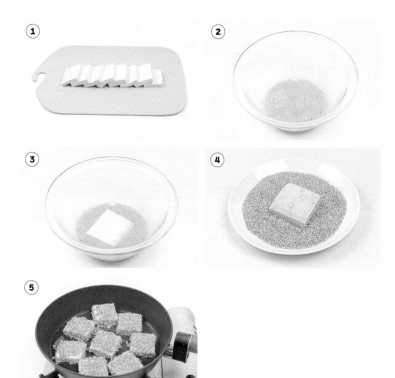

1 두부를 썰어서 준비한다.
2 계란, 맛소금, 후추를 섞어 계란물을 준비한다.
3 썰어둔 두부에 계란물을 묻힌다.
4 접시에 참깨를 넓게 펼치고, **3**의 두부를 꾹꾹 눌러 골고루 참깨를 묻힌다.
5 팬에 기름을 두른 뒤 노릇하게 익혀 완성한다.

카레두부조림

번거롭게 재료를 이것저것 준비하지 않아도 되는 초간단 반찬, 매콤한 카레소스와
두부만으로 만든 카레두부조림이랍니다. 카레소스에 밥을 비벼 먹어도 맛있고,
양념을 머금은 두부만 건져 먹어도 아주 맛있답니다.

😋 만│드│는│법

재료

- ☐ 두부 1/2모(250g)
- ☐ 양파 1/4개
- ☐ 대파 1/3대
- ☐ 카레가루 2T
- ☐ 물 300mL

- ☐ 치킨스톡 0.5T
- ☐ 베트남고춧가루 0.3T
- ☐ 소금 약간
- ☐ 후추 약간

TIP

• 소금과 후추는 한 꼬집 정도 집어
두부에 골고루 뿌려줍니다.

1 두부를 썰고, 키친타월로 두부의 물기를 제거한 뒤 소금과 후추로 간한다.

2 양파와 대파를 잘게 썰어 준비한다.

3 팬에 기름을 두른 뒤 두부가 노릇해실 때까시 굽는다.

4 같은 팬 한쪽에 썰어둔 양파와 대파를 넣고 살짝 볶는다.

5 물, 카레가루, 치킨스톡, 베트남고춧가루를 넣는다.

6 한소끔 끓여 완성한다.

짜장두부조림

매콤한 두부조림도 맛있지만, 짜장두부조림도 완전 별미랍니다.
한 번 구워내 식감이 쫄깃해진 두부가 진한 짜장 양념을 머금어 밥도둑이 따로 없지요.

😊 만|드|는|법

재료

- ☐ 두부 1/2모(250g)
- ☐ 다진 돼지고기(앞다리살) 100g
- ☐ 양파 1/4개
- ☐ 대파 1/3대
- ☐ 짜장가루 2T
- ☐ 물 300mL

- ☐ 고추기름 2T
- ☐ 간장 0.5T
- ☐ 맛술 1T
- ☐ 물엿 0.5T
- ☐ 치킨스톡 0.5T
- ☐ 설탕 0.5T
- ☐ 소금 약간
- ☐ 후추 약간

전분물

- ☐ 감자전분가루 1T
- ☐ 물 2T

TIP

- 소금과 후추는 한 꼬집 정도 집어 두부에 골고루 뿌려줍니다.

1 두부를 썰고, 키친타월로 두부의 물기를 제거한 뒤 소금과 후추로 간한다.

2 양파와 대파를 잘게 썰어 준비한다.

3 감자전분가루를 물(2T)에 풀어 전분물을 준비한다.

4 팬에 기름을 두른 뒤 두부가 노릇해질 때까지 굽는다.

5 같은 팬 한쪽에 고추기름을 두른 뒤 썰어둔 양파와 대파를 넣고 살짝 볶는다.

6 다진 돼지고기, 간장, 맛술, 물엿, 설탕을 넣고 센불에 마저 볶는다.

7 물(300mL), 짜장가루, 치킨스톡을 넣고 끓인다.

8 물이 끓으면 3의 전분물을 부어서 섞으며 농도를 맞춰 완성한다.

명란매운어묵볶음

난이도 ★★☆☆☆

매콤하게 양념한 어묵과 명란의 풍미가 어우러진 명란매운어묵볶음은 자극적인 맛과 쫄깃한 식감이 매력적입니다.
만들어두고 반찬으로도 먹기 좋고, 김밥 재료로 응용해도 좋아요.

😊 만 | 드 | 는 | 법

재료

☐ 사각어묵 6장(240g)
☐ 명란젓 1개(60g)
☐ 다진 마늘 1T

☐ 매실청 1T
☐ 맛술 1T
☐ 고춧가루 1T
☐ 베트남고춧가루 0.5T
☐ 설탕 1T
☐ 참기름 1T
☐ 깨 약간

TIP

• 사각어묵이 아닌 다른 모양의 어묵을
  사용해도 됩니다.
• 다진 마늘과 베트남고춧가루는
  잘 타기 때문에 꼭 약불에 볶아야 합니다.

1 사각어묵을 길쭉하게 썬다.

2 명란젓은 껍질과 알을 분리하여 알만 준비한다.

3 볼에 손질한 명란젓, 매실청, 맛술, 고춧가루, 설탕을 넣고 섞어 양념장을 만든다.

4 팬에 기름을 두른 뒤 다진 마늘, 베트남고춧가루를 넣고 약불에 볶는다.

5 썰어둔 어묵을 넣고 중불에 볶는다.

6 어묵을 중불에 볶다가 살짝 노릇해지면 **3**의 양념장을 넣고 졸이며 볶는다.

7 불을 끄고 참기름과 깨를 뿌려 완성한다.

명란오징어볶음

일반 오징어볶음보다 훨씬 더 맛있는 프리미엄 명란오징어볶음이에요. 명란젓 덕분에 더욱 감칠맛이 느껴지고,
톡톡 터지는 재밌는 식감까지 더해져 고급스러운 맛의 오징어볶음으로 재탄생했답니다.

만|드|는|법

재료

- ☐ 오징어슬라이스 300g
- ☐ 양파 1/2개
- ☐ 당근 1/3개
- ☐ 대파 1/3개

- ☐ 후추 0.3T
- ☐ 깨 약간

볶음용 양념장

- ☐ 명란젓 1/2개(30g)
- ☐ 다진 마늘 1T
- ☐ 간장 1T
- ☐ 맛술 1T
- ☐ 올리고당 1T
- ☐ 고추장 1T
- ☐ 고춧가루 1.5T

1 양파, 당근, 대파를 적당한 크기로 썰어 준비한다.

2 명란젓은 껍질과 알을 분리하여 알만 준비한다.

3 볼에 손질한 명란젓, 다진 마늘, 간장, 맛술, 올리고당, 고추장, 고춧가루를
넣고 섞어 양념장을 만든다.

4 팬에 기름을 두른 뒤 썰어둔 양파와 당근을 넣고 볶는다.

5 잘 세척한 오징어슬라이스와 후추를 넣고 볶는다.

6 **3**의 양념장을 넣고 마저 볶는다.

7 재료가 모두 익으면 썰어둔 대파를 넣고 깨를 뿌려 완성한다.

☆특별한반찬☆ 마라게구이

달콤한 살이 꽉 찬 꽃게, 마라와 함께 알싸한 맛으로 즐겨보세요.
마라롱샤는 먹을 만한 부분이 적어 늘 아쉬웠는데, 마라게구이는 입안 가득 푸짐하게 먹을 수 있답니다.
초간단 레시피이지만 기대 이상의 근사한 요리를 만나볼 수 있어요.

😋 만|드|는|법

재료

☐ 손질 절단 꽃게 500g
☐ 쪽파 약간

☐ 마라소스 2.5T
☐ 깨 약간

TIP

• 여기서는 '이금기 훠궈 마라탕 소스'를
  사용했지만, 다른 제품으로 대체해도 됩니다.
• 구운 꽃게와 마라소스를 팬에 볶을 때는
  중불로 볶으며 양념이 눌어붙지 않도록
  잘 조절합니다.

1 손질된 절단 꽃게를 물에 씻어 준비한다.

2 꽃게를 에어프라이어에 예열 없이 180도로 5분간 굽고,
     구운 꽃게와 마라소스를 팬에 넣어 함께 중불로 볶는다.

3 접시에 담고 쫑쫑 썬 쪽파와 깨 뿌려 완성한다.

PART 06

특별한
간 식

동글동글가래떡뻥

가래떡을 잘라 에어프라이어에 구우면 가래떡이 살짝 부풀어 동글동글하면서 귀여운 모양이 만들어진답니다.
편하게 꼬치에 꽂아 먹어도 되고, 꿀이나 조청을 뿌려 먹어도 아주 맛있어요.

만|드|는|법

재료

□ 가래떡 적당량
□ 꿀 약간

TIP

• 가래떡과 꿀은 먹고 싶은 만큼 준비합니다.
• 꿀 대신 조청을 뿌려 먹어도 됩니다.

1 가래떡을 3cm 정도로 썰어 준비한다.

2 에어프라이어에 예열 없이 200도로 5분간 구운 뒤 꿀을 뿌려 완성한다.

PART 6

가래떡추로스

쫄깃한 가래떡을 튀겨 설탕과 시나몬가루를 묻히면 마치 추로스처럼 겉은 달콤하고 바삭하며
속은 쫀득한 맛을 즐길 수 있답니다. 재료도 간단하고 만들기도 쉬우니 꼭 만들어보세요.

만|드|는|법

□ 가래떡 적당량

□ 설탕 3T
□ 시나몬가루 0.5T

'튀기듯 볶기/굽기'
16쪽 참고

1 가래떡을 적당한 크기로 잘라 물기를 제거한다.

2 설탕과 시나몬가루를 섞는다.

3 팬에 기름을 넉넉히 두른 뒤 가래떡을 튀기듯 굽는다.

4 가래떡을 건져 기름을 제거한 뒤 **2**에서 만든
설탕, 시나몬가루에 굴려 완성한다.

앙금송편와플

쫀득한 앙금송편을 와플메이커에 넣으면 겉은 바삭하고 속은 쫄깃해 더욱 맛있어진답니다.
달콤한 앙금, 고소한 견과류, 풍미를 더해주는 꿀까지, 이보다 완벽한 전통 간식이 또 있을까요?

만|드|는|법

재료

☐ 앙금송편 3개
☐ 견과류 약간

☐ 꿀 약간

TIP

• 여기서는 '몽미당 더 큰 모시 앙금송편'을
  사용했지만, 다른 제품으로 대체해도 됩니다.

①

②

1 앙금송편을 와플메이커에 넣고 7분간 굽는다.
2 접시에 와플을 담고 꿀과 으깬 견과류를 뿌려 완성한다.

풍선쌀과자

난이도 ★☆☆☆☆

납작했던 라이스페이퍼가 동글동글 풍선 모양이 되는 재밌는 요리랍니다.
바삭한 식감이 재밌고 은은한 고소함에 자꾸만 손이 가요! 모양이 변하는 게 재미있는 레시피라
아이들과 함께 만들기도 좋고, 저칼로리라 부담이 없어 가벼운 야식이나 안주로도 좋아요.

만|드|는|법

재료

☐ 라이스페이퍼 적당량

☐ 시즈닝 약간

TIP

• 라이스페이퍼를 찬물에 적신 후
  흐물거리기 전에 서둘러 잘라야 만들기
  수월합니다. 흐물거리기 시작하면
  서로 달라붙어 자르기 어려워져요.
• 매콤한 맛을 좋아하면 칠리 시즈닝 또는
  불닭 시즈닝, 진한 맛을 좋아하면
  체더치즈 시즈닝, 달달한 맛을 좋아하면
  초코 시즈닝을 추천합니다. 취향에
  맞게 선택해보세요.

1 라이스페이퍼를 찬물에 적신다.

2 찬물에 적신 라이스페이퍼 두 장을 서로 겹쳐 놓는다.

3 **2**의 라이스페이퍼를 겹친 채로 흐물거리기 전에 적당한 크기로 자른다.

4 에어프라이어에 예열 없이 200도로 5분간 구운 뒤
    원하는 시즈닝을 뿌려 완성한다.

멸치누룽지

난이도 ★★☆☆☆

고소한 현미밥과 짭조름한 멸치를 함께 넣고 꾹꾹 눌러 만든 멸치누룽지예요.
현미로 만들어 일반 누룽지보다 더 고소하고, 건강에도 좋은 간식이랍니다.

만|드|는|법

재료

□ 잔멸치 50g
□ 현미밥 1공기(210g)

□ 참기름 1T
□ 통깨 1T
□ 맛소금 약간
□ 설탕 약간

TIP

• 현미는 백미보다 식이 섬유, 비타민,
  미네랄이 풍부해 소화가 잘되고
  혈당 조절에도 도움이 됩니다. 취향에
  따라 현미는 백미로 대체해도 됩니다.
• 맛소금은 두 꼬집 정도 넣습니다.

1 마른 팬에 잔멸치를 노릇해질 때까지 볶는다.

2 볼에 현미밥, 볶아둔 잔멸치, 참기름, 통깨, 맛소금을 넣고 섞는다.

3 마른 팬에 먹기 좋은 크기로 얇게 펴준 뒤
   약간 딱딱해질 때까지 눌러가며 구워 완성한다.

4 접시에 담고 설탕을 뿌려 완성한다.

토르티야치즈호떡

토르티야를 활용해 반죽 없이 간단히 만드는 토르티야치즈호떡이에요.
치즈의 고소함, 설탕의 달콤함, 시나몬의 향긋함이 더해져 간단한 간식이지만 다채로운 맛을 즐길 수 있답니다.

재료

- [ ] 토르티야(6인치) 1장
- [ ] 모차렐라치즈 30g
- [ ] 견과류 약간

- [ ] 흑설탕 1T
- [ ] 시나몬가루 0.3T

TIP

• 재료는 꼭 흑설탕 → 시나몬가루 →
  견과류 순서로 한쪽 절반에만 올리고,
  모차렐라치즈는 다른 한쪽 절반에만
  따로 올립니다. 설탕이 잘 녹아야
  시럽이 되고, 치즈가 잘 녹아야 반으로
  접을 때 서로 잘 붙어 흘러내리지
  않습니다. 따라서 반드시 순서를
  잘 지켜 재료를 올립니다.

1 취향의 견과류를 다져서 준비한다.
2 마른 팬에 토르티야를 올린 뒤 한쪽 절반에
   흑설탕, 시나몬가루, 다진 견과류를 순서대로 올리고
   나머지 한쪽 절반에 모차렐라치즈를 올린다.
3 뚜껑을 닫고 약불로 굽다가 치즈가 녹으면
   토르티야를 반으로 접은 뒤 앞뒤로 노릇하게 익혀 완성한다.

꿀호떡샌드위치

모양도 예쁘고 맛도 수준급인 꿀호떡샌드위치랍니다. 간단하지만 단짠단짠의 맛이 매력적이고,
은근히 든든해서 식사 대용으로도 인기 만점이에요.

만 | 드 | 는 | 법

재료

☐ 꿀호떡 2개
☐ 슬라이스햄 2장
☐ 계란 1개
☐ 체더치즈 1장

☐ 버터 20g

TIP

• 꿀호떡은 미니꿀호떡 제품을
  사용했습니다. 취향에 따라
  일반 크기의 꿀호떡 제품을
  사용해도 됩니다.

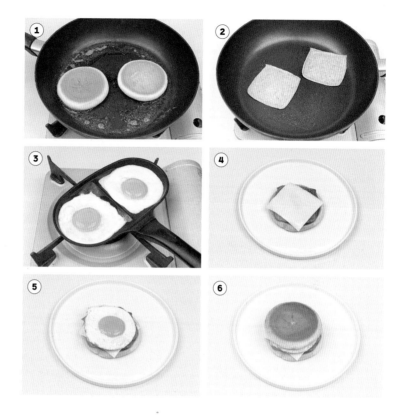

1 팬에 버터를 녹인 뒤 꿀호떡을 굽는다.

2 슬라이스햄을 구워 준비한다.

3 계란프라이를 부쳐 준비한다.

4 꿀호떡 하나를 먼저 접시에 깔고 슬라이스햄과 체더치즈를 순서대로 올린다.

5 슬라이스햄을 하나 더 올리고, 계란프라이를 올린다.

6 꿀호떡을 하나 더 올려 완성한다.

바나나식빵롤

난이도 ★☆☆☆☆

크림치즈를 바른 식빵에 바나나를 넣고 돌돌 말아 만든 미니 롤케이크, 바나나식빵롤이랍니다.
금방 만들 수 있어 갑작스레 찾아온 손님에게 간단히 간식으로 대접하기에 좋고, 커피나 티에도 잘 어울려요.

196

만|드|는|법

재료

☐ 식빵 1장
☐ 바나나 1개
☐ 크림치즈 2T

TIP

• 밀대가 없다면 식빵을 랩으로 덮고
  공병으로 밀어 펴도 됩니다.
• 취향에 따라 누텔라와 같은
  초콜릿잼이나 땅콩잼 등을 추가로
  곁들여 먹어도 맛있습니다.

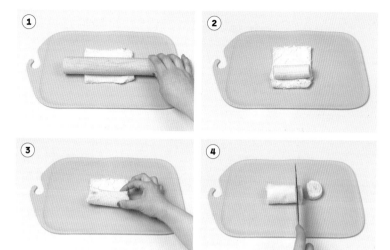

1 식빵 테두리를 자른 뒤 밀대로 밀어 얇게 편다.

2 식빵에 크림치즈를 얇게 펴바르고 바나나를 올린다.

3 돌돌 말아 롤 모양을 만든다.

4 먹기 좋은 크기로 썰어 완성한다.

미니식빵핫도그

동글동글 귀여운 미니식빵핫도그예요. 반죽을 따로 준비하지 않아도 되어 간편하고,
맛은 설명하지 않아도 알 수 있어 벌써 군침이 도네요. 아이들도 무척 좋아하는 간식이랍니다.

만|드|는|법

재료

☐ 식빵 2장
☐ 비엔나소시지 6개(50g)
☐ 계란 2개
☐ 모차렐라치즈슬라이스 2장

☐ 설탕 약간

TIP

• 밀대가 없다면 식빵을 랩으로 덮고
  공병으로 밀어 펴도 됩니다.
• 요리 시작 전 볼에 계란을 깨서
  미리 계란물을 준비해둡니다.

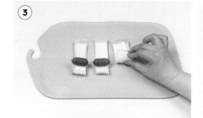

1 식빵 테두리를 자른 뒤 밀대로 밀어 얇게 펴고,
  식빵, 모차렐라치즈슬라이스를 삼등분해 자른다.
2 식빵 위에 모차렐라치즈슬라이스, 비엔나소시지를 차례로 올리고
  식빵 끝에 계란물을 바른다.
3 돌돌 말아 핫도그 모양으로 만든다.
4 **3**의 핫도그를 계란물에 담궈 골고루 묻힌다.
5 팬에 기름을 두른 뒤 중약불에 노릇하게 익히고, 설탕을 뿌려 완성한다.

식빵에그타르트

식빵과 계란으로 간단하게 만드는 식빵에그타르트, 이거 하나면 우리 집이 에그타르트 맛집!
만드는 재미도 있고 맛도 훌륭해서 정말 좋아하는 레시피 중 하나랍니다.

만|드|는|법

재료

☐ 식빵 2장
☐ 계란 1개
☐ 생크림 2T

☐ 바닐라시럽 1T

TIP

• 밀대가 없다면 식빵을 랩으로 덮고
  공병으로 밀어 펴도 됩니다.
• 부드러운 맛을 선호한다면 식빵 전체가
  충분히 적셔지도록 필링을 붓고,
  일부분 바삭한 식감을 살리고 싶다면
  식빵 안쪽으로만 필링을 붓습니다.
• 에어프라이어에 굽는 시간은 취향껏
  조절합니다. 촉촉한 필링을 선호한다면
  10분 정도, 바싹 익은 필링을 선호한다면
  15분 정도 굽는 것을 추천합니다.

1   식빵 테두리를 자른 뒤 밀대로 밀어 얇게 편다.
2   가운데가 잘리지 않도록 위쪽과 아래쪽에만 각각 두 줄씩 칼집을 낸다.
3   첫 번째와 세 번째 빵을 포개고, 두 번째 빵을 함께 포갠 뒤
    붙을 수 있게 꾹 눌러 모양을 만든다.
4   모양을 잡은 식빵을 그대로 종이컵에 넣는다.
5   계란, 생크림, 바닐라시럽을 넣고 섞어 필링을 만든다.
6   식빵을 넣어둔 종이컵에 **5**의 필링을 붓는다.
7   에어프라이어에 그대로 넣고 예열 없이 170도로 10~15분간 구워 완성한다.

식빵누네띠네

추억의 간식 누네띠네, 집에서도 간단히 똑같은 맛을 낼 수 있는 식빵누네띠네예요.
아이들도 좋아하지만, 추억의 과자인 만큼 '어른이'들의 입맛에도 딱이랍니다.

만|드|는|법

재료

☐ 식빵 3장
☐ 계란 1개

☐ 딸기잼 50g
☐ 슈거파우더 1컵(100g)

TIP

• 짤주머니가 없다면 지퍼백을 사용해도
  됩니다. 지퍼백의 모서리 부분을
  아주 살짝만 잘라 사용하세요.

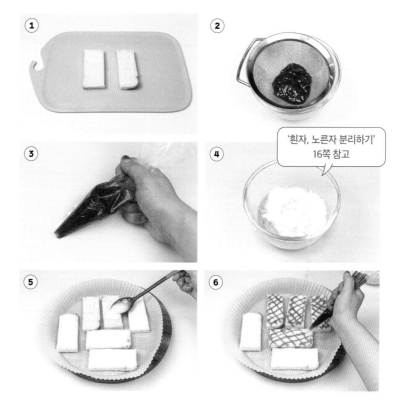

'흰자, 노른자 분리하기'
16쪽 참고

1 식빵 테두리를 잘라낸 뒤 반으로 자른다.

2 딸기잼은 덩어리가 남지 않도록 채에 거른다.

3 채에 거른 딸기잼을 짤주머니에 담아 준비한다.

4 계란 흰자와 슈거파우더를 섞어 글레이즈를 만든다.

5 잘라둔 식빵에 **4**의 글레이즈를 바른다.

6 짤주머니에 담은 딸기잼으로 체크 모양을 그린 뒤
   에어프라이어에 예열 없이 160도로 5분간 구워 완성한다.

식빵허니브레드

한때 커피숍을 휩쓸었던 대히트 메뉴 허니브레드를 기억하시나요?
요즘은 좀처럼 찾아보기 어려운 것 같아 아쉬운 마음도 드는데요,
허니브레드는 집에서 식빵으로도 만들 수 있답니다. 초간단 식빵허니브레드로 추억의 맛을 재현해보세요.

만│드│는│법

재료

☐ 식빵 3장

☐ 버터 50g
☐ 꿀 6T
☐ 시나몬가루 1T
☐ 슈거파우더 1T

TIP

• 버터는 따로 전자레인지에 15초간
  돌려 녹이는데, 덜 녹았다면 1~2초씩
  더 돌려 확인해가며 녹입니다.
• 취향에 따라 생크림이나
  바닐라 아이스크림을 올려 먹으면
  더 맛있어요.

1 식빵 세 장을 준비해 두 장만 가로세로로 칼집을 낸다.

2 버터를 그릇에 담아 전자레인지에 15초간 돌려 녹인 뒤
      칼집을 내지 않은 식빵 한 장을 제일 먼저 깔고 녹인 버터를 바른다.

3 칼집을 낸 식빵 두 장도 사이사이 녹인 버터를 바른 뒤 겹쳐 쌓는다.

4 녹인 버터를 바른 식빵에 전체적으로 꿀을 뿌린다.

5 에어프라이어에 예열 없이 180도로 5분간 굽고,
      꿀을 한 번 더 뿌린 뒤 시나몬가루와 슈거파우더를 뿌려 완성한다.

캐러멜식빵팝콘

식빵을 바삭하게 구워 러스크로 만든 다음 달콤한 캐러멜시럽을 입혀 만든 캐러멜식빵팝콘이랍니다.
달콤한 맛과 바삭한 식감이 매력적이라 팝콘처럼 영화를 보면서 먹기에도 정말 좋아요.

만|드|는|법

재료

☐ 식빵 2장
☐ 우유 3T
☐ 물 2T

☐ 버터 20g
☐ 설탕 3T

1 식빵을 가위로 작게 자른다.

2 마른 팬에 중약불로 식빵을 굴려가며 바삭해질 때까지 구운 뒤
채에 담아 부스러기는 털어낸다.

3 팬에 설탕과 물을 넣은 뒤 중약불로 젓지 않고 끓인다.

4 설탕이 갈색으로 변하기 시작하면 버터와 우유를 넣고 저어가며 끓인다.

5 살짝 걸쭉해지면 **2**의 식빵을 넣고 약불로 버무린다.

6 잘 버무리다가 넓게 펼쳐두고 식혀 완성한다.

바나나강정

바나나로 튀김을 만든다고요? 상상도 못 한 조합이지만 은근한 단짠단짠의 맛에 중독될 거예요.
달콤하면서도 부드러운 바나나에 바삭한 튀김옷을 입히고
단짠 소스에 버무려 만든 바나나강정, 꼭 한번 만들어보세요.

 **만|드|는|법**

재료

☐ 바나나 1개
☐ 계란 1개
☐ 옥수수전분가루 3T

버무림 소스

☐ 간장 1T
☐ 굴소스 0.3T
☐ 물엿 1T
☐ 설탕 1T
☐ 물 5T

TIP

• 옥수수전분가루는 튀김가루로
  대체할 수 있습니다. 감자전분가루
  또는 고구마전분가루로도
  대체할 수 있지만, 바삭한 식감 대신
  쫀득한 식감의 강정이 될 수 있으니
  유의하세요.

'튀김 조리하기'
16쪽 참고

1 바나나는 한입 크기로 썰어 준비한다.

2 썰어둔 바나나를 계란물에 넣어 골고루 묻힌다.

3 계란물을 묻힌 바나나를 옥수수전분가루에 굴려 묻힌다.

4 팬에 기름을 넉넉히 두른 뒤 **3**의 바나나를 튀긴다.

5 깨끗한 팬에 간장, 굴소스, 물엿, 설탕, 물을 넣고 끓여 버무림 소스를 만든다.

6 **5**의 소스가 걸쭉해지면 튀긴 바나나를 넣고 버무려 완성한다.

찾아보기

식탁의 시작부터, 끝까지

명태잡는날

김치/젓갈

수산물

나물/반찬

청/진액

참기름/조미료

제철 산지 직송

즉석요리

떡/디저트

요즘 레시피 X 명태잡는날

출간 기념 이벤트 ~34% 할인!

<요즘 레시피> 독자에게만 최대 34% 할인 링크 제공!
레시피에 사용된 식재료를 만나보세요.

▲QR코드를 스캔해주세요.